课题项目：2023年湖南省教学改革重点项目"新文科视域下地方应用型高校交互设计'专创融合'课程体系探索研究"。
立项编号：HNJG-20231096。

跨界交互设计的

创意与思考

张明星 著

中国商业出版社

图书在版编目（CIP）数据

跨界交互设计的创意与思考 / 张明星著. -- 北京 ：中国商业出版社，2024.10. -- ISBN 978-7-5208-3172-7

Ⅰ．TP11

中国国家版本馆 CIP 数据核字第 2024QG1873 号

责任编辑：王 静

中国商业出版社出版发行

（www.zgsycb.com 100053 北京广安门内报国寺1号）

总编室：010-63180647 编辑室：010-83114579

发行部：010-83120835/8286

新华书店经销

河北万卷印刷有限公司印刷

*

710 毫米 ×1000 毫米 16 开 12 印张 168 千字

2024 年 10 月第 1 版 2024 年 10 月第 1 次印刷

定价：88.00 元

* * * *

（如有印装质量问题可更换）

前　言

在信息时代，科技的迅速发展让交互设计扩展到人们生活的每一个角落，从清晨轻触手机屏幕关掉闹钟，到深夜看着短视频睡着，现如今人们的日常生活无时无刻不在与形形色色的交互界面打交道。互联网、移动互联网、元宇宙、生成式人工智能，每个时代都有属于自己的新技术，技术跃迁改变着人机交互的方式和边界。正是这样的时代背景，促使笔者写了本书。

本书是探索设计与科技融合边界的著作。交互设计不仅仅是关于界面的美学，更是关于如何通过设计创造出有意义的人机交互体验的学科。本书从以人为本的设计哲学出发，试图从更加深入的角度探讨交互设计的专业性立场、视觉传达以及科技如何塑造设计的未来等命题。

技术的进步带来了太多的可能性，自然语言处理让语音交互成为现实，计算机视觉让手势识别变为可能，增强现实技术重新定义了空间交互的概念。随之而来的是用户对产品体验的要求越来越高，他们期待更智能的交互、更流畅的体验、更人性化的设计。交互设计不再是简单的界面设计，而是需要整合多学科知识，在技术与人的需求之间找到最佳平衡点。

笔者始终秉持着一个信念：优秀的交互设计应该是无形的。就像空气一样，当它存在时，用户不会特别注意到它；而一旦它出现问题，用户就会立即感到不适。这种无形的设计需要设计师投入大量的思考，进行深入的探索，深入了解用户的需求，把握技术的脉搏，在美学与功能之间找到完美的平衡点。

本书是为那些渴望深入了解交互设计如何影响人们日常生活的设计师、开发者和思考者而写的，书中不仅提供了设计相关的理论知识，而且鼓励读者通过实践来掌握交互设计的艺术。无论你是设计新手还是资深的从业人士，这些内容都将为你提供一定的参考。本书将从最基础的需求分析开始，一步步深入到原型设计、交互设计。每一章节都融入了案例和经验总结，希望能够为读者提供既有理论深度又有实践指导的内容。特别值得一提的是，本书收录的案例都来自实际项目，这些案例不仅展示了成功的经验，也包含了在项目实施过程中遇到的挑战和提出的解决方案，希望能给读者带来启发。

"跨界"是本书的一个重要关键词。在笔者看来，真正的设计创新往往发生在不同领域的交叉点上：当心理学遇到界面设计，当数据分析遇到用户研究，当艺术创作遇到工程实现。这些跨界的碰撞能帮助设计师突破思维的局限，产生新的设计灵感，创造出更优秀的产品。随着物联网的发展，交互设计的范畴正在以屏幕为载体扩展到现实世界的方方面面，智能家居、可穿戴设备、智能汽车等领域也在拓展交互设计的边界。

在科技与人文的交汇处，交互设计正在书写着新的篇章，诚心希望本书能够成为各位读者探索交互设计的可靠参考和借鉴。无论何时，交互设计的核心永远是以人为本。

目录

3

产品概念的形成

4

产品原型设计

5

产品交互设计

6

移动端交互界面设计细节

7

交互设计案例解析

8

人机交互的过去、现在与未来

1 设计的力量：以人为本的跨界交互设计

设计不是无根之水，设计的力量来自人。

1.1 交互设计的专业性立场

提起交互设计，你可能立刻会想到那些炫酷的网页或者精致的软件界面。是的，这些确实都离不开交互设计，但如果你以为交互设计止步于此那就大错特错了。交互设计的范畴远比这些广泛，有时它甚至会脱离科技的束缚呈现在设计师最日常的互动之中。

让我们先来聊聊这个名词——"交互设计"（interaction design）。虽然它作为一个独立的学科在社会上被广泛认可是近几十年的事情，但其实无论是古人类用石头敲打出火花，还是现代人用智能手机点亮屏幕，交互设计的底层逻辑——人与工具之间的对话——早已被设计师无意识地践行了数千甚至数万年，现代学科的设立不过是对人类这一过往实践的总结和延续。

在探讨交互设计时，设计师需要理解这个话题不仅仅是关于技术应用的，更是关于人与环境、人与工具之间的关系。从古时候的石斧到今日的智能设备，虽然工具的形态千变万化，但交互设计的本质始终没有改变：它致力于使工具更好地服务人类，提高人类的生活质量（见图1-1）。

图 1-1　人与工具之间的关系并没有本质变化

　　设计师常说，艺术设计是从内心出发的自我表达。从这个层面上说，交互设计可以被视为一种站在他人角度的设计实践，它所关心的除了产品如何吸引人的眼球，更多的是产品如何被使用，如何让用户的操作更直观、高效。在这个过程中，设计师不仅是创造者，更是观察者和解决问题的人。

　　比如，设计师手中的智能手机，每一个图标的布局、每一个操作的响应，其背后都有无数的交互设计师在默默优化这些看似简单的事情，以让使用者的体验更加流畅自然，这背后是对用户行为的深刻洞察以及对工具如何服务于人的深入理解。这种理解并不是凭空得来的，它需要通过大量的用户研究、反复的原型测试和不断的改进，这一切的努力都是为了构建一张复杂的交互网。这张网要能精准地捕捉到用户的需求和习惯，从而让产品不再是一个冷冰冰的工具，而是一个能理解并满足用户期待的伙伴。

　　进行交互设计就像在玩一个平衡游戏，设计师总得在两个点之间找那个完美的平衡点——一边是"设计师期望用户会做出的行为"，另一边是"用户自然而然会做出的行为"。这听起来简单，但实际上这个过程充满了不确定性，因为每个人的行为模式都是独一无二的，设计师只有深入揣测人心，了解他们的想法和习惯，才能创造出既能引导用户又让用户感到自然的设计。因此，人机交互设计师有一些要思考的问题（见图1-2）。

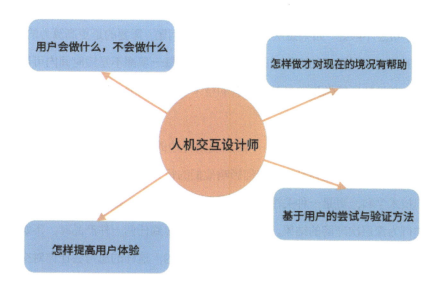

图 1-2 人机交互设计师要思考的问题

从专业的角度来看，交互设计的发展历程是相当精彩的，从早期的简单按钮和菜单到今天的语音助手和智能家居，这个领域已经非常具有综合性，涉及心理学、人类学、计算机科学等多个学科，每一个学科的发展都在推动交互设计向更深层次、更人性化的方向前进。例如，汽车的数字化迭代，现代汽车的设计极大地依赖交互设计，智能化与数字化是汽车发展的大趋势，从智能车载系统到自动驾驶系统，设计师必须确保所有的控制都是直观的，确保驾驶者能够轻松地获取所需信息而不必分散注意力。

个人计算机与万维网的出现让数码设备成为人们房间中的常备物品，也是从这个时候开始，"屏幕"在生活中人机交互的场景里变得越来越重要。移动互联网与芯片轻量化技术的发展让人们的生活重心再次转向了移动端通信，设备的体积越来越小，而集成越来越丰富，由此也带来了一系列新的问题。技术是为了解决问题而不断发展，交互设计所面对的是数码设备不断更新换代，复杂度越来越高。这种复杂度对于用户来说是非常痛苦的，设计师经常能在街上看到上了年纪的人对着手里的智能手机不知所措，这并不是老年人不适合新科技，而是现在的智能手机还不够好。如果想从根本上解决这个问题，需要的是更高算力的芯片、更灵敏的传感器以及更加智能化的算法，其中的每一项都不是短时间内可以实现的，而交互设计所能做到的是基于现有的技术水平最大限度地缓解用户使用新技术时的痛苦。

如果你对交互设计感兴趣，不妨从观察身边的生活开始，注意人们如何与周围的物品互动，这些物品又是如何影响他们的行为和情感的。交互设计不仅仅是一门技术学科，更是一种关注人类行为和需求的哲学，每一次成功的设计都是对人类行为深层次理解的结果。所以，下次当你看到任何一件产品时，不妨想想背后的交互设计是如何让它贴近用户、易于使用的，这样的思考会让你对交互设计有一个全新的认识。设计师既是创造者，也是探索者，他们通过设计来探索和塑造设计师与世界的互动方式，无论是开发一款应用、设计一台机器，还是规划一座城市，他们都在用自己的方式让人们的生活更美好、更高效、更有意义。这就是交互设计的真谛，也是它不断吸引设计师投身其中的原因。

1.2 科技与设计

回顾过去的几十年，人们身处一个科技迅猛发展的时代。看看周围，几乎每个角落都已经被科技所渗透，无论是人们的工作、学习还是娱乐方式都在这场电子产品与互联网的巨浪中发生了翻天覆地的变化。仿佛只是一眨眼的工夫，人们就从笨重的电视机和座机电话步入了智能手机和 4K 超高清显示屏的世界，如果现在停下来回望那些看似并不遥远的日子，可能会产生一种时空错乱的感觉。

20多年前，直板手机还是通信的主流选择，在当时人们换个铃声或下载一张彩铃图案都要费尽周折。那时的手机除了打电话和发短信，能做的事情很有限。而今天的智能手机不仅是通信工具，更是支付工具、游戏机、相机、手电筒、地图等人们需要的东西的集合体（见图1-3）。

图1-3 智能手机的出现颠覆了移动设备的交互逻辑

音乐播放也有一个有趣的变化，曾经很多人都拥有一个MP3播放器专门用来听音乐，但随着智能手机的普及，独立的音乐播放器几乎退出了历史舞台，音乐库和播放设备被整合到手机中，不仅方便了许多，选择也多了许多。

科技的高速发展带来的不仅是方便和新奇，更有一种晕眩感伴随其中。当一切都在快速变化时，人们的生活方式、交流方式乃至思维方式都在被重新塑造。在这个过程中，交互设计作为一个桥梁，能够帮助人们更好地融入这些变化之中。就像智能手机，功能的升级与交互方式的升级是同时发生的，旧有的交互逻辑根本无法承载新技术所包含的内容容量。在这样的情形下，交互的升级可以说是一种必然。

交互设计师面对的就是这样一个持续变化的情况，新、老技术的交替必然会舍弃很多已经成熟的交互方案，设计师需要不断学习新技术，理解新兴的用户行为，然后将这些知识转化为新一代更加人性化的设计。从触摸屏技术的普及到语音交互的兴起，每一次技术的突破都需要设计师重新思考如何通过界面与用户进行有效的交流，如现在设计师面临的是人工智能技术的突破性进展所带来的智能化交互。语音交互并不是一个特别新奇的技术，在弱人工智能时期语音交互已经有了比较成熟的解决方案，但是时过境迁，自然语言大模型的崛起毫无疑问地带来新一轮的风潮，并且可以预见，这一次的技术升级也将像移动互联网的发展一般再一次渗透进普通人的日常生活当中。所以设计师又不得不去思考一个新的领域，考虑这些智能助手如何更自然地理解和回应指令，还需要思考如何使它们的交互方式更符合人类的习惯，包括语音的语调、回应的速度甚至助手的"性格"，所有这些都是交互设计的一部分。

在这个快速迭代的时代，交互设计不仅仅是关于外观的设计，更是关于如何使产品在满足功能性的同时提供愉悦的用户体验。对于用户来说，设计的进步意味着更高效、更直观的操作体验，如果没有优秀的交互设计师在背后默默付出，人们的数字生活可能会复杂得多。面对技术的更新换代，如果没有人去思考如何减少用户的学习成本，让用户自然而然地适应新技术，那么这些所谓的进步也就成了负担。

虽然科技的发展不断淘汰着"老"的设计，但是依然有很多经典的设计元素超越了其自身产品的生命周期，成为一种标志性的符号语言，如某款游戏中那个大大的感叹号（见图1-4）。这样简洁的设计方式为设计师提供了一整套标杆式的设计语法，但是标杆的树立也就意味着设计的趋同。当然，交互设计的目的并不是无节制地标新立异，设计师的最终目标还是要回归到用户的实际体验，那么从这个方面来说趋同的设计也是不断逼近最优解的设计。当用户已经习惯了一整套"标准化"的交互逻辑之后，擅自更改其中的一些流程只会让用户觉得奇怪与不适应，用户习惯与交互的标准化是一个双向互动的结果，一旦确定下来就很难发生改变了。

图 1-4 已经成为标志性符号的感叹号交互设计

在科技面前，每当设计师将交互方式推至巅峰，总会有新的跨越式的技术将其重新打到谷底。但这也是交互设计生生不息的发展动力之一。俗话说"不破不立"，交互设计从根本上说缺乏僵化的基因，对于一门学科来说这并不是一件坏事。

1.3 视觉传达与心理焦点

用户在使用一个系统时其实就是在使用它的界面，而这个简单的事实经常被技术人员忽略或误解。在产品开发的过程中，有一些问题是需要设计师先提出来的，因为这些问题技术人员往往不感兴趣，甚至不愿意接受。

大多数用户根本不关心开发团队用了什么样的技术，他们关心的是这些技术所整合出的完成度。技术本身无法成为卖点的原因其实很简单：用户关注的是结果而不是过程，用户不会在意产品用了多么先进的芯片或者多么复杂的算法，他们只想知道这能给他们带来什么好处，一个反应迅速、操作简单的界面远比那些看不见的技术更能打动用户的心。

用户使用产品是为了帮助自己生活，而不是把产品当成生活的全部，这一点经常会被忽视，尤其当一个团队把全部的身心都投入到产品中时非常容易产生这样的疏忽。开发的产品再先进，用户也不会因此就离不开它，他们只会在需要时使用它，而不会天天围着它转。所以产品的设计应该尽可能地贴近用户的日常需求，而不是让用户去适应产品。产品的研发团队与用户在地位上并非平等的，说起来其实是很容易理解的一句话，但是一些不成熟的初创团队很容易犯这样的错误。在网络上经常看到初创团队与用户群体之间的争吵，创作团队抱持的观点基本上都毫无新意——设计师的创作是多么的艰辛与不容易，设计师使用了多么先进的开发技术、克服了多少困难才创作出来的作品，凭什么说它不好？而用户群体的回答归结起来也就是一句话："你们做出来的东西不好用。"

这就体现出视觉传达在交互设计中的重要性。对于用户来说，产品的外观和交互界面几乎等同于产品的全部，无论产品内部有多么复杂的技术实现，如果界面难看或者难用，用户只会觉得这就是一个不好用的产品。外观和界面是用户与产品互动的第一印象，这个印象决定了他们是否会继续使用该产品。用户界面不仅仅是一个展示信息的平台，更是用户与产品互动的桥梁。一个好的界面设计能够让用户感到舒适和愉悦，提升他们的使用体验。相反，一个糟糕的界面设计会让用户感到困惑和烦躁，最终放弃使用该产品。

视觉传达不仅仅是让界面好看，它更深层次地联系着用户如何理解和使用产品。色彩是美学最直观的体现，而关于色彩的使用在设计中也形成了一套比较固定的意象表征。如蓝色常常被用于金融和科技行业，因为它能传递出信任和专业的感觉。你有没有注意到很多银行和科技公司的 Logo 都是蓝色的？这并不是巧合，而是因为蓝色能够让人感到安全和可靠。红色则不一样，它往往被用来传达警示或者促销信息，因为它能迅速引起人们的注意，产生紧迫感，在打折季节常看到的红色的促销广告就是利用了这种心理效应。

除了色彩，形状和图标也能够简洁而有效地传达复杂的信息，如圆形通常给人以和谐和友好的感觉，而方形显得稳重和可靠。在使用一个应用程序时，看到一个圆形的按钮会让人本能地觉得这个按钮是友好的、可点击的，而看到方形的设计，用户会觉得这个功能是可靠的、稳定的。图标的设计需要在保持简单易懂的同时与功能相匹配，以便用户能够快速理解其含义。如 Windows 中对"我的电脑"以及"回收站"的设计，使用户能够很直观地理解并记忆这些图标所对应的功能，这就是成功的设计。

在拥有了合适的色彩与图标设计之后，设计师要如何安排和陈列这些元素呢？这就牵扯到视觉设计中的布局问题。布局就是信息的组织方式，这其实是一个心理焦点问题，好的布局应当是逻辑清晰的，让用户可以自然地找到他们需要的信息。界面的左上角通常是用户首先关注的地方，将重要信息放在那里能更快地被用户注意到。就像人们在阅读一本书时往往会从左上角开始阅读一样，用户在浏览网页或应用时也有类似的习惯，所以设计师需要考虑用户的浏览习惯，将重要的信息放在显眼的位置，让用户能够轻松地找到。

在确保视觉传达的有效性方面，设计师通常需要遵循一些基本原则。在界面设计中，设计师可以通过色彩、大小、形状等多种方式的对比来突出重要信息。例如，在一个全是灰色的页面中，一个红色按钮会非常显眼，这种强烈的对比能迅速吸引用户的注意力，让他们知道这个按钮是重要的，是值得点击的。除了对比之外，一致性能够帮助用户建立对界面的预期，减少学习成本。怎么理解呢？

同样的操作在不同的页面应当表现一致，这样用户才能轻松地在不同页面间切换。如果每次打开一个新页面，按钮的位置和功能都不一样，用户会感到非常困惑，不知道该怎么操作。除遵循对比与一致性原则外，设计师还应该尽可能地保障界面的简洁性。简洁性强调的是信息的易读性和界面的清晰性，过多的视觉元素会分散用户的注意力，增加认知负担。设计师应当去掉不必要的装饰，突出核心内容。如果一个页面上有太多的图片、文字和按钮的话用户会不知道该看哪里，甚至可能感到烦躁，而一个简洁清晰的界面能让用户一目了然，知道该怎么操作。

色彩能够影响用户的情感，形状和图标能够简洁地传达信息，布局能够组织信息的呈现方式，而对比、一致性和简洁性能够确保信息清晰、有效传达。这些元素和原则共同作用，才能打造出一个成功的产品界面，而视觉传达通常要结合用户的心理焦点来实现。

在视觉体验的世界里，用户的注意力总是有限的，而且它的分布也不是均匀的。用户在使用产品时，注意力会被不同的元素和信息所吸引，有时候是因为颜色，有时候是因为大小，还有时候可能是因为某些动态效果，因此设计师需要了解用户的心理焦点并有针对性地进行设计以优化用户体验。

在逛一家新开的咖啡店时，注意力首先会被那些陈列在玻璃柜里的精致糕点吸引，而非墙上挂着的装饰画。设计师在设计界面时需要考虑类似的用户行为，通过视觉引导来控制用户的注意力流向。通过使用大小对比、色彩对比或动态效果，设计师可以引导用户的视线，使其关注到设计师希望他们关注的地方。一个显眼的"购买"按钮、一个突出的促销横幅，或者一个动态加载的通知都会在第一时间抓住用户的眼球。

用户在使用产品时通常有主要任务和次要任务之分，在一个购物网站上，用户的主要任务是浏览商品和完成购买，而次要任务是查看账户信息或阅读评论文章。设计师需要确定这些任务的优先级，并设计相应的元素来突出主要任务，减少次要任务的干扰，把"立即购买"按钮放在最显眼的位置，把次要任务的链接放在页面底部或侧边，这样可以确保用户能快速完成他们的主要任务，而不会被次要任务信息分散注意力。

　　认知负荷是指用户在处理信息时所需的心理努力，简单来说就是用户需要花多少脑力去理解和使用产品。设计师当然希望产品能做到即便是用户第一次使用，也会感到轻松和自然，所以设计师应当尽量减少用户的认知负荷，使其能够轻松地完成任务。简洁的界面设计和清晰的导航是有效地减少用户的认知负荷的手段，一个布局清晰、功能明确的界面会让用户立刻找到所需的功能而不需要反复摸索，一个好的导航设计会让用户知道自己目前在哪儿、可以去哪儿、怎么回到主页。

　　假如一家餐厅的菜单被设计得非常直观，菜品分类明确，每道菜都附有图片和简短的描述，这样的菜单就能大大减少用餐者的认知负荷，让用餐者可以快速决定点什么菜，而不会因为不熟悉菜单而感到困惑。同样的道理，界面设计也需要做到这一点以帮助用户快速理解和使用产品。心理焦点与用户体验之间有着密切的关系，用户体验好不仅仅是让用户觉得界面漂亮，更重要的是让他们觉得界面好用。设计师只有时刻站在用户的角度思考，了解用户的心理和行为习惯，以此为基础进行设计，才能真正打造出让用户满意的产品。

　　设计界面时应用这些心理焦点的小技巧，通过合理的视觉引导、任务优先级的安排和认知负荷的减少，设计师可以让用户的体验更加顺畅和愉快。给用户一点信心和尊重，用户会感受到设计师的用心和细致，毕竟用户体验的提升离不开每一个细节的精心打磨，这一点一滴的努力最终能获得用户的好感。

　　当然，比起图标的大小和颜色，用户更关心界面切换的速度，虽然图标设计和配色也很重要，但它们并不是用户体验的全部。用户在使用产品时更在意的是操作是否流畅、界面切换是否迅速，如果一个应用程序的界面切换很慢，即使它的图标再漂亮用户也会感到沮丧。面对这些问题，设计师不应该抱怨用户，正是这些问题的存在才说明设计师的设计有不足。用户的反馈是设计师改进的方向标，设计师应该认真倾听并加以改进。产品如果没有和用户产生良性的沟通，问题大多就出现在交互和界面设计上。设计师是时候转变视角了，认识到用户界面的重要性会帮助他们摆脱找不到产品缺陷的迷茫。

1.4 时间维度上的设计法则

如果设计师把时间这个第四维度的概念融入他们的作品中会发生什么样的变化？这个想法可能听起来有点高深，但是在交互设计的世界里设计师的任务不仅仅是创造一个眼前可以使用的静态产品，更是提供一个能随着时间进化与用户共同成长的体验。也就是说，他们的设计不但要能满足用户当前的需求，而且能够适应未来可能出现的变化。

这种设计思维在交互设计领域中是非常重要的，对于时间的思考是交互设计与用户界面设计最大的一个区别点，虽然两者听起来很相似，甚至在实际工作中经常由同一个设计师负责，但它们的核心关注点其实大不相同。

用户界面设计更多关注的是界面的美观性、直观性和可用性，它的内容通常包括控件的布局、按钮的文字以及整个页面的视觉呈现。简单来说，用户界面设计师的任务是确保用户能够一眼看出如何使用这个应用或网站，确保所有功能都是可见即可达的，对于产品的长期使用结果并不会被过多地纳入考虑范围。

交互设计则会考虑更深层次的用户体验和产品行为在时间轴上的展开，交互设计师所要关心的不仅仅是产品在某一时刻的表现，更需要预测产品随着时间的推移而逐渐展现出来的变化，这样的预测不是仅停留在某个单一时刻，而是在整个产品使用周期内都要考虑的。考虑时间维度的一个典型例子是数字软件的升级系统，随着时间的推移，软件需要被更新以修复旧的问题、增加新功能或改善用户体验。交互设计师在设计这些软件时必须预测未来可能发生的需求变化，确保新功能的加入不会影响既有用户的操作习惯，同时能吸引新用户。很多用户会花大量时间与设备相处（见图1-5）。设计师不妨再考虑一下，用户是如何随着长时间的使用与产品建立起关系的。

图1-5 很多用户会花大量时间与设备相处

从初次使用到成为熟练用户的过程中，用户的需求和期望是一定会发生变化的，好的交互设计能够适应这种变化，提供更加个性化的体验。初级用户需要更多的指导和帮助，设计师在指定交互逻辑时应省去一些进阶的或复杂的功能，而经验丰富的用户更倾向于快速、高效的操作，此时设计师就可以向用户提供更多需要记忆、理解的快捷键与模块。现在很多软件都会提供能够让用户自定义的模块，一个应用程序在用户长期使用之后会根据自己的使用习惯和偏好进行调整，设计师已经很难预测此时的软件是一种什么样的状态，但是设计师需要从整体上推断这种复杂状况。

功能可见性是指产品设计应该如何让用户容易理解并使用。在产品功能较为简单的情形下，设计师只需要将各种功能清晰明确地列举出来就足以让用户明白自己需要做什么、能够做什么。但是当产品进化到数字时代，一切就都变了，丰富到极致的功能已经无法用几个简单的按键来告知用户所有的功能，设计师也失去了将完全的控制感赋予用户的能力。在这种情形下极容易诞生一些可怕的设计，哪怕是一个简简单单的微波炉，也会存在三十个按键这样异常复杂的设计。

如果把时间维度考虑进去，这个微波炉的设计就可以进一步优化。首先，设计师需要留给用户学习的时间，设计师先最大限度保持操作面板的整洁，将按钮整合为一个旋钮加上屏显，这样不至于在视觉上让用户感到绝望与烦躁。然后可以给屏显加入温度与时长的触屏调节功能，这就成了现在主流的交互方案。当然为了美观可以彻底去掉实体按键，只留一块显示屏，但考虑到厨房的实际使用环境，旋钮其实也是很不错的选择。

在一些既是开发者又是设计师的人身上会发生"专家盲点"事件，因为他们太熟悉技术而不自觉地受其影响，从而导致设计过于依赖现有技术而忽视了可能的理想解决方案。理想的解决方案往往需要从概念层面重新考虑问题，这必然会带来更大的工作量，但从长远来看，这种设计往往更能满足用户的需求。交互设计师的工作不仅仅是创造美观的界面，更重要的是构建能够持续满足用户需求的系统，需要付出的努力是非常大的，只有在系统性地建模之后才会考虑界面细节，这需要设计师不断地进行"实境调研"，通过原型测试等方式不断地调整和优化设计。设计团队需要使用映射、图表化和建模等方法来整理和分析大量数据，这些方法不仅可以帮助设计师理解复杂的设计问题，还能在产品开发过程中不断产生新的知识，指导设计方向。

1.5 合格的交互设计

什么是合格的交互设计？有一种观点认为，只要设计出的产品让用户使用起来趁手就足够了。这种观点不能说错，但它极易让制作团队产生误解，以为这是轻而易举就能做到的事情，甚至很多大型项目的策划者同样抱持着这种观点，所以他们在决策阶段并不会将太多的资源倾斜到产品的交互设计上，而这样的后果往往是灾难性的。

"让产品趁手"这个看似简单的诉求实际上包含着很多层面的意义与考量，而开发者与销售人员喜欢用参数和爆点来塑造产品的形象，这其实是一种本末倒置的行为。一切的产品最终都要回归到"人"这个锚定点上，用户的需求与体验才是主导一款产品是否能够成功的最大因素。

交互设计师在团队中所起的作用就是在产品设计开始就要把团队的注意力牢牢按在用户需求上面，避免产品功能与用户需求的错位以及与交互逻辑的脱节，不要让产品变成用户口中那种"难用"的东西，将目标导向的设计过程落在实处。

在交互设计领域中，目标导向强调设计过程应以用户的目标和需求为中心，这种设计哲学认为有效的交互设计不仅仅是关于技术的实现，更重要的是满足用户实际的目标和期望。如果要遵循这个原则，那么就要求设计师深入了解用户在使用产品或服务时所追求的具体目标，并将这些目标作为设计过程的主导因素。目标导向设计需要识别和定义用户的目标，这可以通过定性研究方法如用户访谈、观察和焦点小组等方式进行。这些方法使设计师能够从用户的角度理解问题，而不仅仅是从技术或商业的角度出发。理解用户目标的过程，也是对用户进行行为的观察和分析的过程，以揭示那些未被直接表达出来的需求和期望。

定义用户目标仅仅只是第一步，设计师需要将这些目标翻译为可实现的设计要求和功能，也就是创造设计概念和解决方案，具体化用户目标，并通过设计实践确保这些目标可以被实现。设计师可以使用各种原型工具和技术来测试和精练设计概念，确保最终的产品或服务能够有效地支持用户的目标。

在情感和价值层面上，与用户产生共鸣意味着设计师需要考虑产品如何在用户的日常生活中提供价值，如何在使用过程中带给用户情感上的满足和愉悦。这种深度的用户参与，有助于创造出真正意义上的以用户为中心的设计，使产品或服务不仅仅是工具，而是能够提升用户生活质量的"伙伴"。

1.6 设计从研究开始

既然交互设计是以目标为导向的，那么它的成败显然不只是看设计师的技术手法有多高超或者创意有多独到，最关键的点还是要看这个产品最终是否能赢得用户的心。说到底，如果一个设计没能打动用户，那么再华丽的技术和创意也只是设计师的个人表演，看似热闹，实则无益。

对于需求的理解不能仅仅停留于表面的分析，设计师不仅要是技术高手，更得是个洞察人心的能手。如果能深入到目标用户的生活里去了解他们日常的行为模式，挖掘他们的心理动机，感受他们的真实需求，那设计出来的产品才能真正触及用户的内心，解决他们的实际问题。

从市场调查中所获得的反馈当然是最客观的数据，然而数据本身是静态的，设计师能从调研数据中得到的信息往往是缺乏温度的，它们虽然告诉设计师很多数字，但却很难传达用户在使用产品时的真实感受和未满足的深层需求，这会造成一种客观的片面。所以除了用数据与表格总结来的"定量"分析，设计师还需要一些能够"定性"问题的方法，将这两方面的研究结合起来才能让定义更加完整。

产品调研对于市场和用户的研究基本上都是继承社会学的研究方法。社会学研究关注人们的社会行为和社会关系，而用户研究则聚焦于用户在特定语境下的行为和需求，两者都强调对行为背后的深层逻辑进行探究以求揭示真实的动机和影响因素。而在社会学中，除了统计学意义上的调查分析，研究人员往往还要通过参与式观察、访谈等形式深入目标群体的日常生活场景，倾听他们的声音、了解他们的生活，这样个体才能将"干瘪"的数据还原成一个丰满的"人"。

因此，除了通过数据和表格进行定量分析之外，设计师还需要通过访谈、用户日记、情境模拟等方法来进行定性分析，挖掘用户的感受和体验，帮助从数据背后读出故事，从而更全面地理解问题，使设计方案更加符合用户的实际使用场景。

只有将定量分析和定性研究结合起来，才能让问题的定义变得更加完整。这种研究方法有点像社会学家的工作方式。社会学家通过观察、访谈等手段来理解社会现象，而设计师也是通过类似的方式来探索市场和用户的需求。设计师的最终目标是通过这些深入的研究来创造能让用户说出"这就是我想要的"的产品。

所以，如果你是一位交互设计师，不要只埋头于你的绘图板或编程软件，走出实验室，深入用户的真实世界，和用户聊聊天，观察他们使用产品的每一个动作，亲自体验一下他们的生活，这些活生生的交互体验才是交互设计真正的灵感来源。

2 需求分析与市场调研

交互设计是一个动态的过程，一个产品、一套系统的从无到有并不是一个可以预测的过程。从概念形成一直到产品落地，设计团队要进行无数次的反复修改与功能论证，以期在技术的可行性、外观的美感以及交互特性之中寻找到一个最佳的平衡点。

需求分析与市场调研是整个设计工作的第一阶段，也就是让产品的设计从零变为一的那一步。针对不同的项目，调研的内容也存在着很多的不同，这一章就以几个实际的案例来解释这一阶段的具体操作。

2.1 需求分析

在设计的初期，设计师必须面对用户到底需要什么的问题，这种需求的问题不能只看设计师从潜在的用户群体口中得到了什么答案，更重要的细节往往存在于话语之外。设计师可以从几个具体的方面入手：它是什么产品、它的外观如何、它能解决什么问题，以及用户没有言明的心理需求。

2.1.1 它是什么产品

对于任何一款新产品，用户的第一印象都是极其重要的。除了对于品牌的整体印象之外，更多的是用户对这款产品的初步认识——它来自哪里、由谁制造、使用的是哪种语言、是否属于知名企业的产品，以及周围人是否也在使用它。对于一款"大牌"的产品，用户会因品牌的信誉和影响力而对其产生更多的信任感，而一个新品牌的同类产品就需要在性能或设计上有更多突破来吸引用户的注意，或者创造一条新赛道（见图 2-1）。

图 2-1 新品牌要寻求更多突破，或者创造一条新赛道（医疗配给机器人）

2.1.2 它的外观如何

人们常说"人靠衣装，马靠鞍"，对于产品也是如此。产品的设计美学对于用户的吸引力不可小觑，好的设计可以让产品在众多竞争对手中脱颖而出，而不佳的设计可能直接导致产品被市场淘汰。外观设计不仅仅是形状和颜色的组合，更多的是对产品使用场景和用户操作习惯的考虑。设计团队需要通过调研了解用户对现有产品的喜好，哪些设计元素能引起他们的共鸣，哪些是他们不能接受的。对于面向用户端的产品，外形设计是很重要的卖点，如社区代步车（见图 2-2）。

图 2-2 社区代步车

2.1.3 它能解决什么问题

产品设计的核心应该围绕解决用户的实际问题展开，每一个成功的产品背后都存在着一个清晰的问题解决方案，用户最终选择一款产品往往是因为这款产品解决了他们的痛点。如果一个在线教育 App 能够提供个性化的学习建议并帮助用户有效地提高学习效率，那么这个功能就是其卖点。在产品同质化严重的今天，了解产品的独特功能并放大这一点，是吸引用户的关键。因此，要针对用户的痛点寻找细分赛道（见图 2-3）。

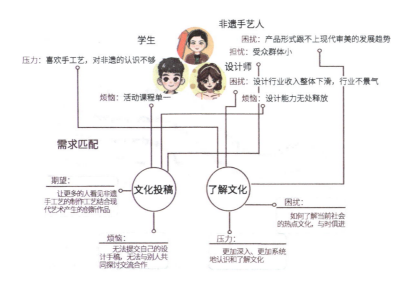

图 2-3 针对用户的痛点寻找细分赛道

2.1.4 用户没有言明的心理需求

用户的需求往往是多样化的，除了基本功能之外，对产品还有许多附加的期望，如美观、定制化、娱乐功能等。有时候这些微小的需求可能会成为决定产品成败的决定性因素。智能手机用户可能希望手机有更多个性化选项，如可定制的界面或独特的配件，这些需求在传统的市场调研中很容易被忽视，但却是对提升用户好感度行之有效的方法。

在进行交互设计时，设计师要改变自己的一些成见，多从用户的角度思考问题，从调研与交流的细节中发现那些未被充分解决的需求，甚至是用户自己也未曾察觉的需求（见图 2-4）。

图 2-4 用户对于自己的需求并不总是明确的

例如，在一次团队的内部讨论中，一位设计师聊起自己家的老人。她的父亲对中医药很感兴趣，但是他获取信息的渠道非常有限，只是一些电视节目和短视频平台。这些信息鱼龙混杂，真假难辨，于是这位设计师就提出能否考虑在这个方向上做一点事情。对于中医药，很多设计师的认知还停留在"老年群体指向"的印象里。在听取了这个意见之后，团队进行了一些简单的调研，结果却出乎很多人的意料——这个需求点的辐射范围远不是老年人群这么简单，很多中青年，甚至是未成年人都对这方面有着很大的好奇心与需求。于是围绕着这个需求，便设计了"百草园"[①]这个项目（见图2-5）。本章中将以该项目为例进行详细介绍。

图 2-5　百草园

其实很多时候制作项目并没有大家想象得那么"高大上"，人的创意都是来自生活中的点点滴滴，对于生活的观察是永恒的创作源泉。当然，创意只是一个不确定结果的开头，真正繁杂的部分在后续的工作中。明确了一个比较有可行性的方向之后，设计师就需要用一些专业的方法来将这种不确定变为确定。

---

①设计者陈格格。

2.2 市场趋势调研

要搞清楚一个创意是否有市场，最直观的就是产品上线之后的市场反馈，有人用就说明有市场，用的人多就说明市场大。但是，这样的"结果论"是帮不到设计师的，设计师需要一种方法能够在产品只是一个概念的时候就分析出产品的市场前景，而具体的实现方法就是对市场的趋势进行调研。例如，根据收集的资料，分析得出 2018—2022 年中医药行业市场规模的变化（见图 2-6）。

图 2-6 2018—2022 年中医药行业市场规模的变化

中医药行业总体规模在急速地成长，其中智慧中医药的规模从 2018 年的 0.9 亿元增长到了 2022 年 11.8 亿元，从这样的一个增速就能看出这是一个非常有潜力的市场。对于一些小型的项目，团队并没有太多的资源可以放在市场调研上，但是这一步又万万马虎不得，那么这个时候设计师就要多选择一些不用花费太多时间与金钱的方式来进行调研。互联网时代对于小型的初创团队还是比较友好的，下面就是利用一些公开的大数据收集与分析网站进行初步市场调研的结果，设计师能从这些数据分析平台中获取不少有效信息（见图2-7至图2-11）。

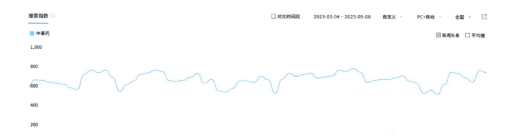

图 2-7 中草药搜索指数

图 2-8 中草药搜索指数分析

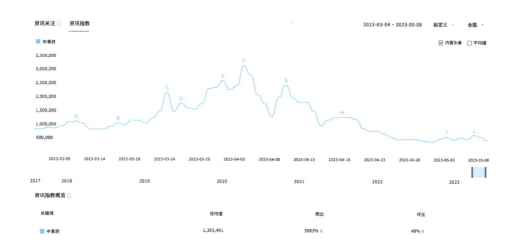

图 2-9 中草药咨询指数

图 2-10 中草药咨询指数分析

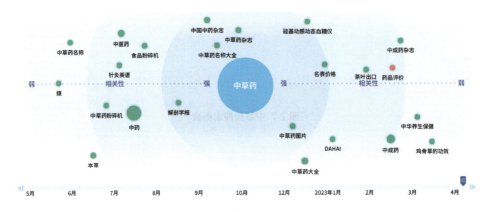

图 2-11 中草药相关的搜索热词

图 2-11 也可以叫作市场需求图，其中所罗列的都是中草药相关话题的搜索指数，用不同颜色的点说明搜索趋势的升降。这些不同时间段的热词可以给设计师大致提供一些思路，后续的调查问卷也可以围绕热词来设计一部分问题。设计师也可以更直观地查询相关词的热度（见图 2-12）。

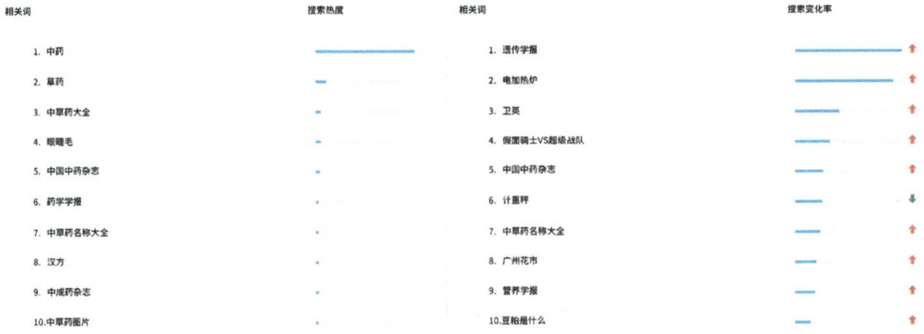

图 2-12 相关词的热度与搜索变化率

同样地，也可以查询到对相关话题感兴趣人群的年龄分布与性别分布情况（见图 2-13）以及兴趣分布情况（见图 2-14）。

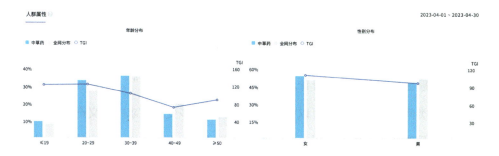

图 2-13 人群的年龄分布与性别分布

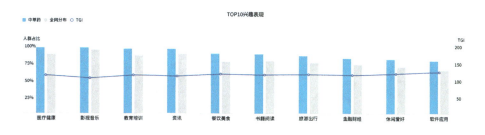

图 2-14 人群的兴趣分布

这些对需求数据的分析给了团队很大的信心，项目的可行性得到了初步的验证。在确定了创作方向之后，团队就可以紧锣密鼓地去执行下一步的市场调研工作了。

2.3 数据调研的两个方向

了解得越多，就越会发现交互设计所涉猎的工作远远不是"设计一套交互系统"这么简单。设计出交互系统是设计师的最终目的，然而想要达到这个目的是需要做很多前期工作的。归根结底，交互设计是一门研究"人"的学问。

2.3.1 访谈

在项目的调研阶段，访谈其实并不是第一件要做的事情，但是笔者还是把它放在前面来介绍。因为在调研阶段，访谈是定性研究非常重要的一个手段。

但是也不要把访谈想得太复杂，把它当作与相关人士聊聊天就行了。当然，聊天的话题要提前进行一些设计。访谈中需要聚焦"是什么""为什么""怎么样"这三类问题，这些问题可以帮助设计师从复杂多变的需求中定义产品。而访谈目标人员的选择大体上可以分为四类，分别是专业人士访谈、客户访谈、用户访谈（见图2-15）以及项目相关人员访谈。

图 2-15 用户访谈举例

1. 专业人士访谈

在调研阶段，最好能够请到相关领域的专业人士进行一些比较深入的交流。设计团队不可能在一些专业领域拥有太多的认识，很多设计的想法、设计的认识只有真正的专业人士才会知晓，所以专家的意见是很重要的。就像这款中草药App 的调研阶段总共采访了三位中医医院的医生、一位药材种植户以及一位药材销售渠道商，与他们的交流给团队提供了非常大的帮助。而且从另一个方面来说，这样的人脉积累对于产品的开发过程也是非常重要的，在不同的阶段总会遇到需要懂行的人才能解决的问题，比起出了问题再找人，很显然早早地存起他们的联系方式才是更好的办法。

2. 客户访谈

之所以把客户与用户分开来说，是因为设计团队的设计项目不总是面向市场的，有时候也会有一些公司向设计团队定制一些项目，所以设计师就把这些公司的对接人称为"客户"。设计团队所面对的客户往往是公司的高管或者是 IT 部门的经理，他们很有可能不太会去用这个委托的产品，所以与他们交流的内容的侧重点是与"用户"有很大区别的。设计师需要知晓的信息可以总结为以下几个方面：

（1）为什么要定制这款产品；

（2）当前的解决方案有什么问题；

（3）购买这款产品的整个决策过程；

（4）后续安装、维护与管理产品时的角色分配；

（5）产品的相关问题以及所涉及的词汇。

这些问题一定要想方设法在前期的接触中就得到比较明确的答复，虽然甲方也会直接提出他们的需求，但是在实践中设计团队要明白一件事，那就是甲方的需求并不一定就是真实的需求。所以，设计师最好尽可能地了解整个项目的来龙去脉，以此来分析清楚客户的真实需求，不然很有可能会面对甲方在项目过程中不断更改需求的难题。

3. 用户访谈

用户是直接使用产品的人，或者是产品的潜在使用者，他们是设计师进行设计的主要关注点。与用户交流会直接影响项目交互设计的走向，从与他们的对话中设计师需要得到以下信息：

（1）产品在用户的生活与工作中会占有怎样的地位，用户会在何时、何地因为什么使用产品；

（2）用户使用产品需要知道哪些信息；

（3）市面上现有的产品能够满足用户哪些需求，不能满足用户哪些需求；

（4）用户使用产品时对产品的期望是什么；

（5）用户的生活和工作轨迹是怎样的；

（6）在现有产品的使用中用户都遇到了哪些困难。

用户在缺乏相关的专业知识的前提下其实很难去客观地评估自身的行为与心理需求，有时也会出于自尊心的问题，对一些真实的需求与困难反而难以启齿。所以，在交流的过程中设计师不仅仅要听用户怎么说，更重要的是看到用户深层次的心理需求。交互设计师不仅要懂设计，还要懂心理学。

对于用户访谈，设计师也要注意以下交流技巧：

（1）尽量选择在用户熟悉的地方进行访谈，如用户的工作地点或者甜品店、咖啡馆这种能够让用户精神放松的场合，千万不要选择那种空无一物的大白房间，一是设计师无法观察用户的生活细节，二是会给受访者莫大的心理压力；

（2）注意采访的姿态，用一种更为接近朋友间聊天的方式去接触用户，不要把采访变成审讯；

（3）对于用户话语与行为的解读要适当，设计师最重要的目的是从访谈中得到用户的真实反馈，太多的主观臆测会将对于用户的理解带偏；

（4）访谈的话题要巧妙地围绕主题进行，有些受访者喜欢天马行空地聊天，而作为设计师要学会如何将话题限制在可控范围之内。

4. 项目相关人员访谈

任何产品的设计工作都应该了解其背后的业务环境和技术背景，虽说交互设计团队要把重心放在如何解决问题上面，但是设计师必须在大方向上与产品的商业目标保持一致。预算、开发周期、技术上的限制都是设计师团队需要面对的硬性指标，越庞大的项目协调统筹起来就越困难。不同的角色对于项目的观察与诉求也会不一样，将这些看法综合起来，设计师团队就能得到一个最初的产品想象。

至于怎么谈，不同的公司、不同的团队所采取的形式是有差别的，但是核心的指向都一样，那就是设计团队需要在整体上对于项目有一个清醒的认知与把握。

访谈很大程度上可以解决产品定性的问题，本书中反复强调定性的重要性，并不是说定性所占的比重要比定量大，而是定性研究容易被人忽略。定性研究是一个比较模糊的地带，对于这方面的判断非常依赖设计师的经验，这种模糊性也会被一些初创团队忽视，用一种臆想的方式去完成需求与功能的设计。比如，曾有一款主打境外游的 App 从上线到停运，仅历时 3 个月。在事后与项目参与者复盘时，笔者发现该软件在最基本的业务逻辑和交互逻辑上存在很大的缺陷，而在国内外应用商城中对于软件的差评也多数集中于软件的难用性和功能冗余方面。根据负责人的说法，该项目的早期规划有一套比较标准的流程，问题就出在整个项目没有经过比较充分的前期用户调研就进入了实施阶段。

2.3.2 使用调查问卷

调查问卷是数据调研的另一个手段，它对应的是定量研究。定量研究具有非常直观的效果，对市场的调研能够非常有效地帮助设计师确定产品的市场定位以及潜在用户。而在设计师选择访谈的对象时，多半也要借助市场研究的结果。

大家都知道数据的重要性，这一点交互设计团队与市场、开发团队都能得出比较一致的结论。下面就从"使用调查问卷"这一手段出发来了解一些定量研究的执行步骤。

1. 使用调查问卷的前期准备

设计师得知道使用调查问卷的目的是什么。团队需要通过这份调查问卷来达到以下目的。

（1）了解用户对中草药和相关应用的使用情况（包括使用目的、重要程度、喜好程度、使用频率、满意度和感兴趣程度），捕捉用户当前对中草药使用的态度和行为以及他们如何利用现有工具和资源来获取中草药信息。

（2）初步识别不同年龄、性别和居住地区人群之间的差异，通过分析不同人群的偏好和需求，可以定制化该款 App 的功能，更好地满足不同用户的特定需求。

（3）了解用户在选择此类 App 时考虑的主要因素（如内容的准确性、用户界面的易用性、功能的全面性等），帮助设计师在内容和功能设计上作出更合适的决策。

（4）评估用户对未来可能新增功能的接受度和付费意愿。通过调查用户对于潜在新功能的态度和他们是否愿意为这些功能付费，设计师可以规划该款 App 的长期发展路径和潜在的商业模式。

根据需求，设计师团队制作了一份调查问卷，下面是调查问卷的部分内容展示。

1. 性别:

A. 男　　　　　　　　B. 女

2. 年龄:

A.19 岁以下　　　　B.20—29 岁

C.30—39 岁　　　　D.40—49 岁　　　　E.50 岁以上

3. 职业:

A. 学生　　　　　　B. 教育工作者

C. 医疗健康相关　　D. 商业 / 管理

E. 技术 / 工程　　　F. 其他（请注明：_____）

4. 您居住的地区:

A. 城市　　　　　　B. 郊区　　　　　　C. 农村

5. 您有看中医或者吃中药的经历吗?

A. 经常　　　　　　B. 有时　　　　　　C. 从来没有

6. 下列中医药的治疗方式您接触过哪些?（可多选）

A. 中草药　　　　　B. 中成药　　　　　C. 针灸

D. 推拿按摩　　　　E. 正骨　　　　　　F. 都没接触过

……

18. 您是否使用过健康类 App？

　A. 是　　　　　　　　B. 否

如果是，您通常使用这些 App 来做什么？（多选）

　A. 学习健康信息　　　B. 追踪健康数据

　C. 获得专业建议　　　D. 其他（请注明：_____）

19. 您期望在一个中草药 App 中找到哪些功能？（多选）

　A. 详细的药材信息（如功效、用法、副作用等）

　B. 健康状况自我评估工具

　C. 药方推荐　　　　　D. 视频教程（如煎药方法等）

　E. 健康管理和跟踪　F. 购买中草药　　　G. 与专家在线咨询

　H. 社区交流功能　　I. 新闻与研究进展

20. 您愿意为高质量的中草药 App 支付费用吗？

　A. 是，我愿意支付定期订阅费用

　B. 是，但我只愿意为单次服务支付

　C. 否，我只对免费 App 感兴趣

21. 您有哪些具体建议或期望，能使这款 App 更适合您的需求？（开放性问题）

2. 调查问卷的发放和回收

　　调查问卷在发放时总共有线上和线下两种渠道。在线下发放时一般会根据调查群体的不同而选择不同的地点，这次的项目中设计师的调查对象主要是针对

App 的一般潜在用户，所以团队选择了两处商超作为投放地点。这些地点的人流量比较大，并且涵盖了不同年龄以及背景的人群，能够让取样比较立体和丰富。设计师在线下总共发放了 270 份纸质问卷。线上问卷则主要选择了一些中医药线上社区以及本地生活群作为投放点，其他还有一些微信朋友圈、微博和抖音账号的少量投放。

最终线下问卷共回收了 224 份有效问卷，有 46 份问卷由于填写不完整或是没有回收而作废，线上问卷共收到 251 份有效问卷，共计收到 475 份有效问卷。

3. 调查问卷的有效性检测

关于调查问卷有一套对于有效性的检测办法，就是"信效度检验"。信效度检验最早来源于心理测量学和社会学，为了保障研究结果能够基于有效的数据，学者们发明了一套专门用来验证数据质量的办法。

（1）信度检验——"这问卷靠谱吗？"

什么叫作高信度呢？意思就是填写问卷的人是一个非常可靠的人，每次问他同一个问题，他都会给出一致的答案。

那么如何检验呢？一般来说有两种方法。

①重测信度。重测信度就是让同一群人在两个不同的时间点填写同一份问卷，然后比对两次的答案。如果结果相似，那么问卷的重测信度就高。这种方法看起来简单，其实实施起来颇为麻烦，因为可以如此配合团队调查的用户根本不存在，能够停下脚步帮设计师填写一份问卷就已经算是很和善了。

②内部一致性。内部一致性就是通过统计方法（如 Cronbach's Alpha 系数）来检查问卷中相似问题的答案是否一致。如果你问了很多类似的问题来测量同一个概念，那么这些问题的答案应该是大体一致的。在这个项目中团队所采用的测试方法就是这一种，设计师在问卷中总共设置了四个检测点，有一些问卷在检测点的一致性上出了问题被作废，剩下的有效问卷都通过了内部一致性测试。

（2）效度检验——"设计师真的在问正确的问题吗？"

效度检验是指问卷测量的是不是想要研究的那个概念。简单地说，如果设计一个问卷来测量人们的健康习惯，那么这个问卷的问题就应该与人们的健康习惯有关，而不是去问受测者爱看什么电影。

怎么来验证呢？由于不牵涉用户层面的事情，所以效度方面还是比较好检验的。

①内容效度检验。内容效度检验就是让这个领域的专家帮忙审查问卷，确保每一个问题都与研究目标紧密相关。在这个中医药的项目中，团队咨询了两位医生来验证这份问卷的效度。

②构建效度检验。构建效度检验就是检查问卷是否能够恰当地测量理论上的定义。比如，如果理论上认为健康习惯由饮食和锻炼构成，那么问卷应该包括这两个方面的问题。

③标准效度检验。标准效度检验就是检测问卷结果是否可以与某些已知的标准或预测结果相对应，是否合理。假如一个人拥有良好的运动习惯，那么他在体能测试中也应该比一般人表现得更好。

信度检验和效度检验是为了保障问卷的质量，其实在平时的项目中并没有这么泾渭分明的分界线，很多事情也没有很严格的分割点。例如，问卷的效度方面一般在团队的讨论阶段就能大致定型。

4. 数据的提炼与分析

手握调查问卷，设计师就有了定量分析的"资本"。设计师将所有的问卷进行汇总，并对其中的原始数据进行统计提炼与分析。

（1）参与问卷者的个人信息数据

参与问卷者的个人信息数据如下。

①性别分布。

男：218 份（45.9%）　　　　　　女：257 份（54.1%）

②年龄分布。

19 岁以下：38 份（8.0%）　　20—29 岁：183 份（38.5%）

30—39 岁：112 份（23.6%）　　40—49 岁：81 份（17.1%）

50 岁以上：61 份（12.8%）

③职业分布。

学生：142 份（29.9%）　　教育工作者：53 份（11.2%）

医疗健康相关：78 份（16.4%）　　商业 / 管理：98 份（20.6%）

技术 / 工程：56 份（11.8%）　　其他：48 份（10.1%）

④居住地区分布。

城市：287 份（60.4%）　　郊区：131 份（27.6%）

农村：57 份（12.0%）

（2）下载该 App 动机

用户下载该 App 动机的数据如下。

①健康管理和预防疾病。

许多用户下载该 App 是因为希望通过使用中草药来管理健康并预防潜在的健康问题。

数量：203 份（42.7%）

②特定健康问题的自然疗法。

一部分用户特别感兴趣的是寻找治疗特定健康问题（如失眠、消化不良等）的自然疗法。

数量：117 份（24.6%）

③学习和教育目的。

有些用户对中草药有学术需求或个人学习的兴趣，下载该 App 主要是为了增加相关知识。

数量：68 份（14.3%）

④推荐（朋友、家人或医生）。

不少用户会基于他人推荐下载该 App，或者是向自己的朋友推荐该 App。

数量：47 份（9.9%）

⑤好奇心或偶然发现。

一小部分用户会出于好奇心在浏览应用商店时下载该 App。

数量：40 份（8.4%）

（3）App 功能预期

对于该 App 功能的预期，设计师从用户端得到的数据如下。

①详细的药材信息（如功效、用法、副作用等）。

许多用户希望该 App 提供全面的药材信息，帮助他们更好地理解各种草药的特性和使用方法。

数量：206 份（43.4%）

②健康管理和跟踪功能。

很多用户期望该 App 能够帮助他们管理个人健康，包括跟踪症状、治疗进度等。

数量：126 份（26.5%）

③购买中草药。

一部分用户对能够直接通过该 App 购买中草药表示出了强烈的兴趣。

数量：59 份（12.4%）

④与专家在线咨询。

有些用户期望能通过该 App 与中药专家进行交流和咨询，以获得专业的健康建议。

数量：53 份（11.2%）

⑤社区交流功能。

少数用户对能在该 App 内与其他用户交流经验和信息表示期待。

数量：31 份（6.5%）。

（4）功能模块重要性得分

对于一些团队在早期预想的功能模块，设计师所得到的重要性反馈得分如下（采用 5 分制）。

①草药科普。

得分 3.2 分，提供基础的草药知识和用药指南，对普通用户有一定吸引力。

②汤药熬制。

得分 4.2 分，用户非常重视这一功能，很多人希望通过该 App 学习如何正确熬制各种汤药。

③线下活动指南。

得分 2.1 分，相对较低的得分，表明用户对线下活动的兴趣不大。

④知识课堂。

得分 4.7 分，用户高度重视该 App 的教育功能，希望通过课堂深入学习中草药相关知识。

⑤ AI 草药识别。

得分 3.5 分，该功能对对技术感兴趣的用户有一定吸引力，整体得分中等。

⑥视频面诊。

得分 4.6 分，用户非常重视能通过视频与专家进行面诊的功能，很多人都对此表现出了极大的兴趣。

⑦药方管理。

得分 2.9 分，用户对此功能的重要性评价一般，主要用于管理个人用药信息。

⑧药材商城。

得分 3.3 分，虽然方便用户购买药材，但得分表明并非所有用户都需要这个功能。

⑨季节养生小贴士。

得分 4.5 分，用户非常重视根据季节变化获得的养生建议。

⑩ AI 诊治。

得分 2.8 分，虽具有高科技元素，但用户对 AI 进行的诊治尚持保留态度。

⑪社区交流。

得分 2.5 分，社区交流对部分用户有吸引力，但并非主要功能。

⑫健康打卡。

得分 1.9 分，得分最低，表明用户对日常健康打卡功能不太感兴趣。

（5）使用频度与满意度得分

对于各功能模块，用户的使用频度与满意度方面的得分如下（采用 5 分制）。

①草药科普。

频繁度得分 4.2 分，用户频繁访问，用于日常学习和参考。

满意度得分 4.5 分，用户对提供的信息质量非常满意。

②汤药熬制。

频繁度得分 4.7 分，用户非常频繁使用，特别是那些热衷于自我保健的用户。

满意度得分 4.8 分，高度满意，用户认为这是该 App 中最有价值的功能之一。

③线下活动指南。

频繁度得分 1.8 分，使用频率较低，可能由于地理位置或个人时间安排限制。

满意度得分 2.1 分，满意度较低，用户反映活动信息不够及时或相关性不高。

④知识课堂。

频繁度得分 3.9 分，定期访问，尤其是有新课程更新时。

满意度得分 4.3 分，用户对课程内容和讲师专业性表示满意。

⑤ AI 草药识别。

频繁度得分 2.4 分，偶尔使用，通常是在有特定需要时。

满意度得分 3.2 分，功能有趣但准确率有待提高。

⑥视频面诊。

频繁度得分 3.6 分，频繁使用，但通常在用户有具体健康疑问时。

满意度得分 4.1 分，用户对能直接与专家交流表示高度满意。

⑦药方管理。

频繁度得分 2.9 分，频率适中，主要由有长期治疗需要的用户使用。

满意度得分 3.3 分，功能实用，但用户希望界面可以更友好。

⑧药材商城。

频繁度得分 3.1 分，有购买需求时使用，非日常频繁活动。

满意度得分 3.5 分，用户对购物体验满意，但希望能有更多药材选择。

⑨季节养生小贴士。

频繁度得分 3.7 分，每季度至少查看一次，对季节变化敏感的用户可能会更频繁。

满意度得分 4.0 分，用户对实用的季节性健康建议感到满意。

⑩ AI 诊治。

频繁度得分 1.6 分，很少使用，用户对 AI 提供的治疗建议持保留态度。

满意度得分 2.3 分，满意度不高，用户不太信任 AI 的诊断结果。

⑪社区交流。

频繁度得分 2.5 分，偶尔参与，主要是活跃用户使用较为频繁。

满意度得分 3.0 分，一般满意，用户希望社区互动更加活跃。

⑫健康打卡。

频繁度得分 2.2 分，使用频率低，许多用户可能忽视这一功能。

满意度得分 2.4 分，功能被认为较为基础，未能引起大多数用户的兴趣。

有了前面的这些数据，设计师就可以进一步做量化分析，从而得出项目的机会点。机会点是用来识别产品或功能改进潜力的指标，它结合了用户对功能的重要性评价和满意度评价，帮助设计师确定哪些功能应该优先进行改进或开发。机会点越高，表明用户认为该功能重要但目前满意度较低，改进的潜力和紧迫性越大。机会点的计算公式为：机会点 =2× 重要性－满意度。

其中，重要性和满意度都是默认采用的 5 分制。从它的计算公式能够看出来，一个功能的重要性越高，满意度越低，机会点的数值就会相应增大，反之亦然。以下是各功能模块的机会点评分，结果已转换为百分比形式。

草药科普：38.0%　　　　　　　汤药熬制：96.0%

线下活动指南：42.0%　　　　　知识课堂：102.0%

AI 草药识别：76.0%　　　　　　视频面诊：102.0%

药方管理：50.0%　　　　　　　药材商城：62.0%

季节养生小贴士：100.0%　　　　AI 诊治：66.0%

社区交流：40.0%　　　　　　　健康打卡：28.0%

可以看到"知识课堂"和"视频面诊"功能拥有最高的机会点，也就是说这两个功能在用户体验上是最需要提升的。其他如"季节养生小贴士"和"汤药熬制"同样需要在交互上想办法。相反地，"健康打卡"功能的机会点较低，说明重要性不高，用户的满意度也较低，改进的紧迫性和可能的效益较小。

2.4 为用户创建模型

现在设计师的手上已经有了比较丰富的用户端数据，那么要怎样处理这些数据呢？下面就需要谈到人物模型这个有力的工具了。建模不仅广泛应用于自然科学和社会科学研究中，在设计和工程学领域的应用也十分广泛。你可能会问，为什么设计师需要建模？特别是在设计领域，为什么模型会如此重要？

在交互设计的过程中，建模不仅可以帮助团队理解和抽象复杂的现象，更重要的是它能让团队深入洞察用户的行为、需求以及用户与产品之间的动态关系，这些模型是设计过程中不可或缺的工具。

2.4.1 为何建模如此关键

建模能够有效地将现实世界中复杂、庞杂的信息进行简化和抽象，好的模型可以突出重要的结构特征，忽略那些在当前上下文中不重要的细节。经济学家使用模型来预测市场趋势，物理学家使用模型来探索宇宙的奥秘，同样地，设计师通过建立模型来探索和理解用户的行为模式，从而设计出更符合用户需求的产品。

在交互设计中，人物模型不是通过想象创造出来的虚构人物，它的产生是基于对真实用户行为和动机的深入观察。通过对目标用户群进行详细的观察和分析，设计师团队能够提取出一些共通的行为和心理特征，这些特征会被用来构建出代表性的用户原型——人物模型。

2.4.2 人物模型的制作与运用

人物模型的创建是一个精细的过程，设计师团队需要对数据进行深度分析，找出那些关键的、可以定义用户群体的行为模式，一旦确定了行为模式就可以转化为具体的设计输入，从而指导产品的功能设定和用户界面的设计。

在"百草园"这个项目中，设计师团队发现青年群体最重视的是草药知识的科普，并且对于社区的交互功能以及 AI 技术的热情也高于其他群体，而对于汤药的制作以及在线寻医问药的关注度反而没有那么高。因此在创建人物模型时主要强调这些年轻人如何利用软件来学习相关的草药知识，并寻找与其他有相同爱好的用户交流的渠道。

人物模型一旦确定下来，就可以用来模拟不同的设计方案，看哪些能最好地满足这些模型代表的用户的需求。这些模型也同样可以用来评估产品的用户体验，通过模拟不同用户与产品交互的场景来预测和解决可能出现的问题。人物模型的使用并不是孤立的，设计师还常常需要结合其他工作流程模型或者物理模型，帮助设计师从不同角度理解和优化用户的交互体验。

2.4.3 广泛功能的陷阱

策划一个新产品——可能是一款 App，或者是一个复杂的软件系统，直觉告诉你要把功能做得越全面越好，这样也许可以吸引尽可能多的用户。这听起来很有道理，但实际上，这种"一刀切"的策略往往会带来一堆麻烦，当你尝试把产品的功能做得面面俱到时，结果经常会让所有人都不太满意。

一个具有广泛功能的 App，界面上的按钮和选项无处不在，用户得花好一会儿才能弄明白怎么用——这就是认知负担。如果每个人都需要在众多功能中寻找自己需要的那一个，使用起来岂不是更加费劲？

这时候人物模型就派上用场了。好的设计不是尽量去迎合每一个人，而是专注于最关键的用户群体。市场的调研数据以及典型用户的访谈信息可以帮助设计师创建出代表不同用户类型的人物模型。这些模型既不是具体的某个人，更不是随随便便拼凑出来的，而是将某些特定用户具有的群体相似性抽离出来，将这些最大公约数化零为整，整合出一个具有代表性的用户形象。用专业一点的话来说叫作用户的"聚类"。

举一个比较方便理解的例子，开发一款专为大学生设计的学习管理 App。通过用户的调研可能会发现，虽然所有学生都需要管理时间，但艺术类学生可能更需要灵活的时间管理工具来适应他们不规律的工作室时间，而理科生可能更注重严格的任务和时间追踪，于是这两类群体就形成了两种不同的聚类，代表着两类差异化的需求，因此适用两种不同的设计思路（见图 2-16）。

规律性的时间管理设计思路

更加自由的时间管理设计思路

图 2-16 两种不同的设计思路

明确了用户群体的分类，就可以根据重要度来给这些用户模型进行优先级的排序。产品首先要能够精确地满足那些最能代表关键用户群体的模型的需求，这是产品定位所决定的，在这个基础上再去做功能的加减法，拓展可能的用户边界。如果设计师发现所有关键人物模型都强烈需求某个功能，那么这个功能就应该是设计的重点。而那些只被一两个边缘人物模型需要的功能，或者直接跟关键人物模型的需求相冲突，就得考虑是否值得保留了。

人物模型是一种能够让设计师避开各种陷阱的设计工具，除了前面所说的广泛功能设计，下面再简单介绍几个交互设计过程中非常容易出现的问题：弹性用户、自我参考以及边缘功能。

弹性用户不是指具体的人，而是指存在于项目团队的大脑中那个橡皮泥一样的"用户"形象。如果没有一个准确的定义，那么任何人心目中都会有一个自己定义的"用户"形象，甚至同一个人在不同的时间会产生不同的"用户"形象，这在设计领域是一件非常危险的事情。用户形象的不统一会让整个团队长期处于鸡同鸭讲的尴尬境地，所有人都在自说自话，项目的功能实现与交互逻辑都会非常的割裂。

自我参考就是设计师或者开发人员将自己的想法、需求作为用户模型带入产品设计，这在独立开发者中是很常见的一种现象。设计师本身是专业人士，在一些面向专业人士的专业工具开发中这样做效果还不错，但是大部分产品面对的是普通消费者，他们并不具备相应的知识储备与专业思维。

有些设计师与开发者过度考虑边缘功能的实现，特别执着于将一些边缘功能来当作产品的主要卖点，这种偏执很容易导致产品的口碑崩溃。边缘功能之所以是边缘功能，就是因为用的人少。功能设计师可以对着人物模型问一问：用户经常使用这个功能吗？他们真的用得到这个功能吗？

3　产品概念的形成

市场调研只是打造项目的开始，交互设计的最终目的是
建立一个经得起用户检验的产品。而在动手打造项目之前，
设计师需要建立一个完整的产品概念。

3.1　场景设立与设计需求

大家已经准备了大量关于市场、用户和竞争对手的详细研究资料，也可能
刚刚结束了一场激动人心的头脑风暴，灵感迸发，好像下一步就能开发出市场上
最牛的产品。但是，当你开始深入具体的设计和开发决策时，会突然发现好像缺
了点什么——项目像是一艘没有罗盘的船，到底该往哪儿开呢？

前面介绍了很多关于如何收集和利用用户信息来构建有趣的人物模型的内
容，得到一幅用户的全景图，描绘他们各自的目标和现状。但如何将这些理解转
化成既能让用户心满意足，又能激发他们的热情，同时满足商业目标和技术限制
的设计方案，这中间依然横亘着一条鸿沟。这就是本部分要解决的问题：如何弥
合研究与设计之间的鸿沟。

在研究和设计之间确实存在一条巨大的鸿沟，很多团队在这一步会迷失方向，
缺乏一套系统的方法来将用户研究转化为具体的产品设计。那么，应该怎么做呢？

3.1.1　利用故事情节和场景剧本

这里以人物模型为主角，通过创造故事情节或场景剧本来设想理想的用户

交互过程。用户就是故事中的主角，他们在使用产品的过程中会遇到哪些情境，又会如何解决问题呢？

讲故事是人类延续了几千年的艺术形式，它根植于设计师的文化深处，是设计师认识世界、表达想法的一种本能方式。对于设计师来说，叙事不只是将一个个元素拼凑在一起，它更是一种创造方法、一种让设计活起来的魔法。

1. 为何叙事如此有力

在设计一个新的 App 或一个复杂的用户界面时，需要考虑各种功能和形式元素。如果从一个故事的角度出发来思考，你会怎么做呢？通过叙事，不仅是在描述一个用户如何与产品互动，更重要的是在讲述一个完整的体验故事。这种方法让设计师可以在脑海中完整地构建用户的旅程，创设不同阶段的用户模型（见图3-1），从他们打开产品的那一刻起，直到使用过程中的每一个互动点。

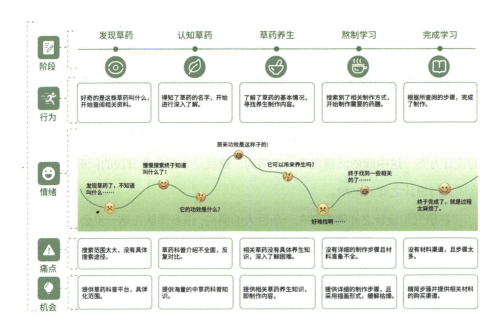

图 3-1 不同阶段的用户模型

2. 叙事如何转化为强大的设计工具

叙事的真正魅力在于它的社交属性，这不仅可以帮助设计团队内部成员理解和共享一个概念，也利于有效地与外部利益相关者交流，确保每个人都对产品的开发方向和细节有一个清晰的了解。而当一个设计团队能够共同围绕一个共有的故事线工作时，整个项目的凝聚力和方向性都会显著增强。从这个方面来说，在交互设计中的很多工作其实就是为了给团队定义一个"共识"，人物模型如此，叙事也是如此。

3. 故事驱动的设计实践

在讨论过程中，叙事需要以具体的用户故事来呈现，团队通过创建故事情节或场景剧本来模拟理想的用户交互过程。这个故事不能乱讲，需要遵循具体的步骤：利用这些剧本来提炼出设计需求，基于这些需求定义产品的基本交互，不断地添加设计细节，直到形成一个连贯而完整的用户体验。

设计团队甚至可以借鉴戏剧原则来构建交互设计，每一个环节都服务于整体的行动目标，从对象、环境到特征的设计都要围绕这一中心展开。这么做除了美观之外，更多的是为了创造有意义的、动态的交互体验。

在一个宁静的周末早晨，小艾（化名）打开了社区类App"邻里网"，准备看看社区里都有什么新鲜事。她最近刚搬到这个社区，希望通过这款App更快地融入新环境。App的主页上有一个"今日活动"板块，展示了当天社区内的所有活动——从公园慢跑到小区的"咸鱼市场"都罗列在案。

小艾注意到当天下午有一个社区烧烤活动，活动地点就在公园的湖边。她决定参加，便在App上标记了参与并查看了活动详情。详情页不仅有活动的时间、地点和参与者名单，还有一个小细节，让参加者备注可以带些什么，于是她决定带些自制的肉串和馒头片。

在活动界面小艾还发现了一个"寻找拼车"功能，可以找到同样参加烧烤活动的邻居。她发现她的邻居小晴（化名）也会去，并且两人可以一起走路前往。

她通过 App 发送了一条消息给小晴，询问能否一同前往。小晴很快回复，同意了同行的提议。

走在去公园的路上，小艾和小晴通过 App 上的"社区故事"功能，分享了她们准备的食物的照片，并标记了烧烤活动。这个功能类似于社交媒体上的动态，允许用户发布短视频或图片，让整个社区的成员都能看到。

到达公园后，小艾用 App 中的"活动签到"功能签到，并浏览了其他人的签到动态。烧烤现场气氛热烈，她拍了几张照片和视频上传到 App，与社区邻居分享这一刻的欢乐。App 中的"近距离发现"功能还帮助她认识了几位邻居，他们也是通过 App 找到并参与了这个活动。

4. 叙事与故事板：动画与设计的桥梁

叙事在设计过程中与动画行业使用故事板有着异曲同工的作用。在电影拍摄过程中，故事板通过简单明了的连贯画面展示故事情节，帮助导演和动画师预见和规划影片的流程。同样地，在设计中简易的草图故事板的叙事功能也帮助设计师以视觉化的方式梳理和展示了交互设计的流程（见图 3-2）。

图 3-2 简易的草图故事板

5. 快速迭代与灵活应变

使用叙事的另一个好处是方便设计团队快速进行迭代，在设计的早期阶段设计团队不必投入巨大资源去细化每一个界面元素。相反地，用简单的线条画或草图来传达关键的动作和体验既经济又高效，团队能够在没有重大成本负担的情况下自由地探索和修改设计概念。

3.1.2 提取设计需求

有了生动的场景，设计团队就可以具体化用户的需求了，但是其中每一个细节都不能是凭空想象的产物，归纳设计需求必须基于设计师之前构建的人物模型。当设计一个新的互动产品时，设计师有时会沿着一个想法、一条思路逐渐陷入细节设计。挥洒自如地把那些闪闪发光的创意变成实体确实是件非常吸引人的事情，但是设计师不应急于投身于各种界面和功能的设计中。先退一步，看看是否真正明白了要解决的"有什么"的问题，这一步才是更重要的。

1. 先定义"有什么"

需求定义构建了整个设计流程的基础，它决定了设计中"有什么"的问题，即设计师的人物模型需要什么样的信息和能力来完成他们的目标。这听起来可能有点枯燥，但在一开始没有比这更重要的事情了。

假如一个建筑师没有先确定建筑的用途和居住者的需求就开始设计房子，结果就是一个看起来很酷，居住起来却非常不便的房子。如果设计师没有明确产品的核心功能和用户需求就开始设计，那么在后期必然会造成大量的返工，甚至最终的产品根本无法满足用户的实际需求。

2. 避免陷入设计的死循环

设计的死循环往往发生在没有清晰定义需求就开始提出解决方案的情况下，这种时候团队成员和利益相关者很容易陷入"我喜欢这个"与"你喜欢那个"的主观争论中。缺乏客观和系统的方法来评估设计的适当性，最终就会导致产品方向不明确，功能混乱，不仅浪费时间和资源，还可能导致项目失败。有很多手段都是为了确保统一认知，如用户画像（见图 3-3）。

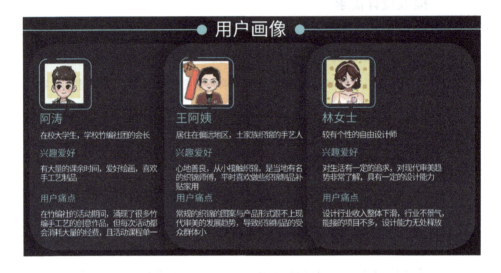

图 3-3 用户画像

3. 先定义，后创作

在其他创造性领域，创作者都会先花时间定义故事中的人物、背景和主要冲突，然后才开始具体的写作和绘画。图画小说家会先研究故事中的角色，构建人物模型，然后勾画故事轮廓、创建故事板，并大致勾勒出叙事和视觉样式，这对于作品的连贯性以及创作的效率都有很大的帮助。对于产品设计师来说也是如此，先建立用户画像，对用户模型进行打磨，会节省大量的时间（见图 3-4）。

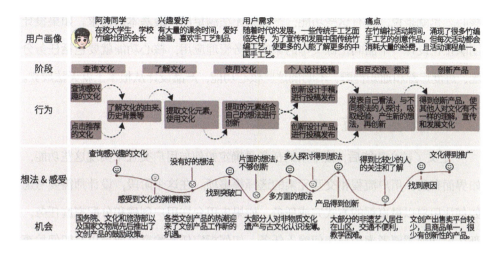

图 3-4 对于用户模型的打磨会节省大量的时间

4. 应用于数字产品的设计

在数字产品设计中设计师也应该采取类似的方法。开始一个项目时先与团队一起明确定义产品的目标用户是谁、他们需要什么，以及产品如何能帮助他们实现目标。利用人物模型来概述用户的日常生活和应用场景，然后使用这些信息来定义产品的功能和外观。这样做，当设计师终于开始设计时每一个元素都会有其明确的目的，每一步都为满足用户需求而服务。

3.1.3 定义产品的基本交互需求

接下来设计师用这些需求来定义产品的核心功能和基本交互，这一步要确保设计师的设计方向与用户的实际需求一致。

1. 挖掘核心功能

从人物模型中提取的信息可以帮助设计团队理解用户的行为、动机和目标，这些理解转化为产品设计的具体要求时，设计团队首先要识别哪些功能是产品的核心。也就是说，没有这些功能，产品就无法满足用户最基本的需求。如果设计团队正在设计一个面向忙碌父母的家庭任务管理应用，核心功能就要包括任务分配、进度追踪和通知提醒，不明确这些核心功能，产品设计从根本上就无法成立。

2. 确定基本交互

定义了核心功能后，接下来的任务是确定如何与用户交互来实现这些功能，如界面布局、用户流程和交互元素的选择等事项。在这个阶段，设计师需要考虑如何让用户以最直观的方式完成任务。如果应用允许用户创建和分配家庭任务，那么设计师需要考虑用户如何输入任务、如何指定任务给家庭成员以及如何检查任务完成情况等操作流程，进而制作基本的交互路径（见图3-5）。

图 3-5 制作基本的交互路径

3. 简化用户流程

在定义基本交互时，一个重要的原则是尽量简化用户的操作流程。设计团队需要消除不必要的步骤，使用户可以用最少的点击完成任务。特别是目标用户群体中包括技术不太熟练的老年人时，简化操作、使用大的字号和明显的按钮就应该放在一个很高的优先级来考虑。

4. 验证交互设计

定义了基本交互后，下一步是验证这些设计选择是否真的符合用户需求，通常来说包括原型测试、用户访谈和可用性测试等手段。在这个阶段，收集到的反馈将被用来调整设计，以确保产品最终能够有效地解决用户的问题，并提供愉悦的使用体验。

交互设计很少一次就能完美实现，基本上都要多次迭代和测试才能达到理想状态。每一次的用户测试都可能揭示新的问题和改进空间，设计团队需要根据这些反馈不断优化产品。这个过程可能会反复进行，直到产品的交互设计能够顺畅地支持所有核心功能。

3.1.4　增加设计细节

增加设计细节是从宏观框架走向微观实现的过程，在这一阶段设计团队将之前定义的基本交互需求进一步细化，让产品设计更具体、更接近最终形态。所添加的细节不仅要确保功能的实现，更要通过精心设计来提升整体的用户体验。

1. 关注视觉与感觉

在增加设计细节时，视觉设计是一个不可忽视的元素。设计团队需要选择合适的字体、颜色等视觉元素（见图3-6），这些都需要与品牌的视觉身份保持一致。同时，视觉设计还要考虑到可用性，确保足够的对比度、合理的布局以及适当的反馈提示，这些都能极大地提升用户体验。

图 3-6 设计中的字体、颜色等视觉元素

2. 优化交互流程

设计细节还包括优化交互流程，确保用户在使用产品时的操作尽可能直观和顺畅，某些界面元素的位置、大小和行为都需要进一步的调整来提高可达性和响应性。一个最简单的例子，可以通过增加拖放功能来简化文件上传过程，或者引入滑动操作来使导航更加便捷。

3. 强化反馈机制

有效的反馈机制能够提升用户体验，系统对用户的每一个操作都应当给予清晰且即时的反馈。无论是通过视觉提示、音效还是振动，这些反馈都可以帮助用户确认他们的操作已被系统接收和处理，从而减少用户的不确定感和可能的操作错误。

4. 人性化的微交互

微交互指的是那些在用户与产品互动中非常具体且有限的任务设计。在进行微交互的设计时，设计师需要精细考量，它们在很大程度上影响用户对产品的整体感受，如加载动画、进度条、拉动刷新等。不要小看这些微交互的存在，它们不仅能使产品变得更加生动有趣，还能在无形中解决用户的焦虑，提升整体的等待体验。

5. 设计文档和风格指南

随着设计细节的逐步完善，创建详细的设计文档和风格指南就越来越重要了。设计团队需要将所有设计元素的规格、使用场景和行为准则放入其中，为开发团队提供明确的指导，保证设计的实现，确保后续设计的一致性和开发效率。

经过上面的这些工作，产品从一个初步概念逐渐转化为具体、可实现的设计，可以看到在这一过程中叙事扮演了非常重要的角色，它不仅是将研究数据转化为产品特性的桥梁，更是一个强大的沟通工具，帮助整个团队（不论是设计师、开发人员还是市场营销人员）理解和聚焦于最终用户的真实体验。

3.2 搭建设计框架

在设计过程的前半部分，设计师用场景剧本和故事情节勾画出了理想的用户交互过程，有了这些基础，设计师终于可以开始真正的设计工作了。不过，在设计师进入具体的设计细节之前，还有一个关键的环节需要完成——搭建设计框架。

搭建设计框架就像建筑师在动工前规划建筑的大致结构。建筑师不会深入到每个房间的具体尺寸或选择哪种款式的门把手，而是要确定房子的整体布局、功能区的分配和大概的空间利用。对于产品设计来说，设计师要定义用户界面的整体结构、行为、工作流程以及如何通过视觉和形式的语言传递信息，确保这些都符合底层的组织原则。

在这个阶段，设计师需要完成的不仅仅是用户交互的框架，还包括视觉设计框架，有时甚至包括工业设计框架。这些框架为产品提供了一个结构上的指导，确保不同设计环节的协调一致。关于设计框架，设计师一般采取自上而下的搭建方法，首先关注整体结构，即先从低保真的草图开始概述产品的基本构架而不涉及具体细节，这样做的好处是让设计师和所有相关利益方在项目初期都能集中精力在最核心的设计原则和用户需求上。

使用故事板草图是一种高效地探索和讨论设计方案的方法，不仅成本低，而且灵活，可以快速修改，非常适合早期的设计讨论。正如建筑领域中所用的铅笔素描图一样，简单的故事板草图能够鼓励团队成员参与设计讨论，增强对产品概念的理解。这个阶段一定要注意用户的反馈，正如卡罗琳·斯奈德在《纸质原型》一书中所探讨的，低保真的表现手段在收集用户反馈中具有特别的价值，对于细化设计、优化用户体验都具有不可估量的作用。有时候即便在搭建设计框架阶段，一个及时的用户测试也能发现关键的设计问题，从而为后续的开发省去大量时间和资源。

3.2.1 交互设计框架

交互设计师需要利用前期的场景和需求来创建交互的初始草图，交互框架不仅要对高层次的屏幕布局进行定义，还要定义产品的工作流、行为和组织。

1. 初始草图：界面的蓝图

交互设计师就像是建筑师，而产品的交互界面就是建筑师要建造的建筑，设计师需要绘制一系列的草图，大致勾勒出产品的屏幕布局和用户的操作流程。这些初始草图就像是建筑的蓝图，由它们来定义用户在应用或网站内导航时的"走廊"和"房间"，如功能需求设计（见图3-7）。

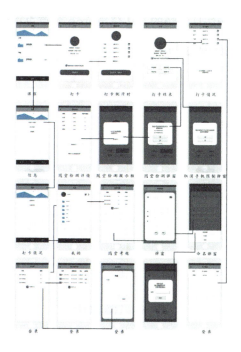

图 3-7 功能需求设计

2. 高层次的布局定义

定义高层次的屏幕布局在交互设计框架中属于高优先级的事项，设计师需要思考哪些元素应该立即呈现给用户、哪些可以稍后再显示，以及如何安排这些元素使用户的体验既直观又流畅。就像在设计一个超市的布局一样，设计师需要确保顾客能自然而然地找到他们需要的东西，而不是让他们在迷宫般的走道中迷失。

3. 工作流与行为的整合

在设计交互框架时，设计师还需要定义产品的工作流和行为，意思就是设计师要精确地规划出用户完成任务所需经历的每一步，包括他们如何开始一个任务、如何进行以及如何完成，这些步骤都需要通过清晰的导航提示、合理的按钮布局和适时的反馈来实现。如在一款课堂管理软件（见图 3-8）中，学生平时成绩的查询路径应该是线性且流畅的，从登录 App 到首页再到相关信息的查询，它的每一步都应该是简单明了的。

图 3-8 课堂管理软件

4. 组织结构与逻辑框架

一个扎实的组织结构是交互框架的必需品，应用或网站的信息架构必须做到逻辑清晰、内容组织有序。用户理应能够轻松理解这个结构，找到他们需要的信息，而不是感到困惑和挫败。一个符合用户直觉的交互逻辑框架的意义在于不仅能支持现有的功能需求，也要灵活适应未来的扩展（见图 3-9）。

图 3-9 符合用户直觉的交互逻辑框架

3.2.2 视觉设计框架

视觉框架的设计不是一个轻松的任务，设计师需要根据品牌的视觉语言发展出一套具体的视觉设计框架，通常这些都会体现在那些精心制作的屏幕原型上。

1. 视觉设计的魔法

视觉设计的任务是给予产品以形象，最好能够让用户对产品一见钟情。设计师的工作从理解品牌的核心视觉元素如颜色、字体、图标样式等开始，构建一套完整的视觉设计框架。视觉上的表达不仅仅是一些漂亮的界面，更深层次的是呈现整个产品的视觉故事，视觉语言是最直观的表达载体（见图3-10）。

图 3-10 视觉语言是最直观的表达载体

2. 并行进程：交互与视觉同步

视觉设计的发展并不是孤立的，它需要与交互设计紧密结合起来。设计师在进行设计的时候，要同时关注视觉与交互两个方面的因素。也就是说，无论先开始哪个框架的设计工作，都要有一种整体上的思考，确保视觉元素能够完美契合产品的核心。如果交互设计是电影的剧本，那么视觉设计就是电影的画面，两者需要无缝对接，共同讲述一个引人入胜的故事。

3.从高层次到细节的逐步深入

这一点与交互设计框架的构建是类似的，设计师也是从大概念开始，逐步深入具体细节。一开始只是确定整体的色调和布局风格，随后逐渐细化到按钮的阴影效果、文本框的边距等。其中每一步都要确保设计不仅美观，还要实用，能够有效地服务于用户的操作需求。

4.细节设计：不断调整和优化

设计师们总是会不断调整和改进设计元素来确保每个细节都尽可能完美。很多时候，一个小小的调整就能大幅提升用户的体验，这一切的努力都是为了最终创造出一个既美观又能够清晰传达品牌价值，同时满足用户需求的产品。不同的界面设计（见图3-11）给予用户不同的产品体验。

图3-11 不同的界面设计

3.2.3 工业设计框架

如果产品包含物理元素，那么交互设计就需要基于形式语言研究来开发大致的物理模型和相关设计。实际上，交互设计师去参与工业设计是一件很有趣的事情，可以接触到一些平时不多见的设计语言。

1. 团队合作

工业设计框架的开发并不是孤立进行的，它需要工业设计师与交互设计师紧密合作，确保产品的形状、大小和物理布局能够完美支持用户体验。设计师能够一起进行头脑风暴，探索各种形式要素和输入方法，如按钮的位置、触摸屏的大小和材质选择等，这些都直接影响用户如何与产品互动。

2. 制作粗略原型

在工业设计师开始制作粗略的原型时同样是在探索不同的方案。这不需要高精度的 3D 打印或昂贵的材料，有时候简单的泡沫模型或黏土模型就足够了，这些原型主要用来测试和验证设计的物理方面，如手感、重量和易用性的表现。设计师可以实际感受产品，评估设计的实用性，并对需要改进的地方做出直观的判断。比如，一款家用医疗雾化器的原型制作（见图 3-12）。

图 3-12 一款家用医疗雾化器的原型制作

3. 发展形式语言

与视觉语言的开发过程类似，设计师需要在这个阶段探讨产品应该如何表达其功能和品牌特性。形式语言研究确保产品的设计能够与用户的情感产生共鸣，传达出正确的品牌信息。无论是采用现代简约风格，还是复古风格，形式语言都应该与产品的内在功能和用户期望相匹配。

3.3 竞品分析

对于市场上潜在竞争者的分析比对在市场调研阶段应该给予重视。在设计师的调查问卷中其实有一部分内容也是针对竞品的调研。针对用户的痛点和需求，设计师团队可以看一看竞品是如何理解的，是否存在一些针对痛点的解决方案。如果竞品处理得不好，那么设计师应该怎样做得更好，这些都是需要考虑的事情。下面就以一款音乐类项目为例，来看一看竞品分析怎么做。

首先，设计师收集一些市场上比较火的同类 App。其次，深度使用这些产品一段时间，写一份详尽的使用报告。再次，针对用户需求，分析竞品没有做好的地方。最后，将所有的分析报告进行汇总，按照功能分类，汇集成完善的功能分析表单，分析竞品的交互框架，研究它们针对用户痛点都做了哪些设计，它们的核心功能是什么、是怎么实现的，是否有可以借鉴的内容，并将最终的结果汇总为相应的表单。

4 产品原型设计

从本章开始，会介绍更多实际的设计案例。透过这些有具体指向的设计范本，读者可以更加清晰地了解整个交互设计的流程。

关于原型设计，设计师要明白的是它并不等同于最终产品。实际上原型设计更像是一个将概念具体化和可视化的工具，原型的主要作用是来测试和展示设计想法的，它的完成度和接近最终产品的程度则取决于产品本身的复杂性以及设计师需要进行多少次验证和迭代。

4.1 最初的产品原型设计

4.1.1 低保真设计

原型设计的流程大致可以分为两个阶段：低保真设计阶段和高保真设计阶段。在第一个阶段，只需要用低保真的设计来展示一个可供讨论的概念。针对最初的产品原型的讨论一定会产生大量的修改，因此，在这个阶段设计师向团队展示出大致的设计方向就足够了。这种概念的展示可以是利用纸笔进行原型设计，也可以是简略的线框图。

纸上原型设计简单地说就是使用纸和笔来草拟设计思想的方法，这是一种极为基础的方法，但其惊人的效率和实用性使它成为每个设计师工具箱中必不可少的一部分。原型设计的主要目的是快速识别设计中的缺陷和不足，验证设计方向的正确性，并且在最短的时间及最低的成本下，展示出能让目标用户、测试人员、产品经理等理解并提供反馈的设计方案。而使用纸上原型的好处是显而易见的，它能极大地加速讨论和迭代的过程，设计团队可以聚集在一张大桌子旁，围绕着纸上的草图，直接在纸稿上面画画写写，快速修改和调整，帮助每个人更直观地看到想法的实际表现形式。当然，在现在数字化如此发达的时间点上，"纸上原型"更多的是代表一种低保真原型设计的理念，无论是把草稿绘制在数字黑板、数位板还是平板电脑上，都是纸上原型设计的具体延伸。

在进行纸上原型设计时，设计师无须担心文件格式或是软件兼容性，也不需要特别的技术培训，只要有合适的想法，任何人都可以拿起笔在纸上"畅所欲言"。纸上原型的设计方法也特别适用于那些刚起步的项目，这些项目可能还没有明确的参考标准或详细的设计需求，从零开始的构想阶段更需要灵活和开放的思维模式。

尽管纸上原型的设计是比较自由的，但是依然有一些基本的方法可以供大家参考。纸上原型设计的一大优势是它能让设计师真正回归到设计的本质——创意，所以在设计流程中笔者不推荐进行大量的测试和评估，而是鼓励设计师尽可能地展现出设计的初衷和发展过程。为了确保这种自由探索的效率，应该尽量聚焦于一个清晰的概念，也就是说，在进行纸上原型设计时，设计师应该尝试将所有的注意力都集中在一个核心的设计问题上，这样能有效地避免过早地陷入细节设计的泥潭，而且还可以确保设计过程中的每一步都紧扣主题，保障整个设计的内在逻辑和一致性。当设计师在纸上勾勒出初步的设计轮廓时就应该尽量多地展开设计思路和过程并不断优化它们，这里的"多"不是指杂乱无章地四处乱试，而是要广泛探索与主题相关的所有可能性。这种广度的探索有助于打造出更加全面和深入的设计方案，同时也为后续的评审和迭代提供了丰富的选择。

虽然纸上原型主要用于捕捉和发展创意，但这并不意味着它就与实际的产品开发毫无关联。在设计过程中，要确保纸上原型展现所有必需的功能点，将这些功能点清晰地展示在纸上原型中可以极大地帮助开发团队理解产品的功能需求和结构布局，从而在技术实现上更加精准地对照设计意图。如一款家用儿童血糖护理机器人[①]，它的第一稿原型设计（见图4-1），可以体现一些低保真设计的具体细节。

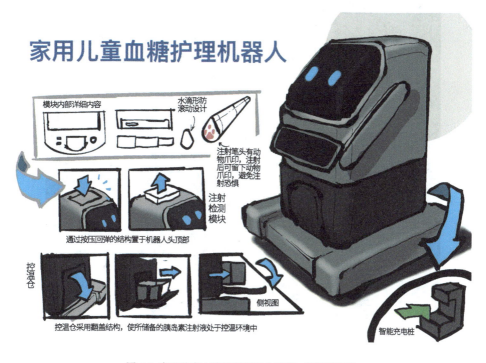

图 4-1 家用儿童血糖护理机器人的第一稿原型设计

这款智能机器人的出发点在于近年来儿童高血糖、糖尿病患者人数的激增，而通过对患者群体的调研，设计团队发现小朋友对于医疗设备有着很强的抵触心理。在调查访问中，很多家长和小朋友都表示希望可以有一款产品能够解决在治疗过程中的智能化供药问题以及小朋友所产生的焦虑情绪。受到这些调查的启发，设计团队列出了家用儿童血糖护理机器人的功能需求分析（见图4-2）。

①设计者劳杰成。

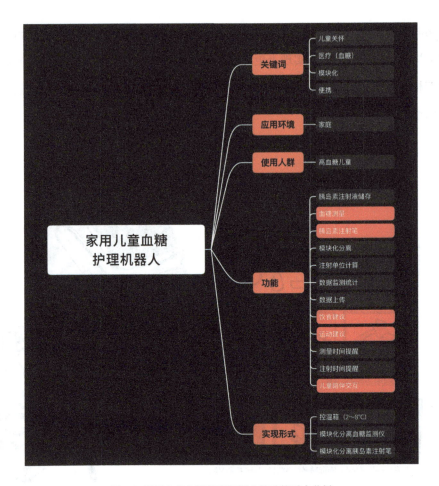

图 4-2 家用儿童血糖护理机器人的功能需求分析

　　在经过讨论之后，确定了设计一款智能护理机器人的大致方向，于是便诞生了设计草图一稿（见图 4-1）。一稿的方案主要考虑的是如何将各个功能模块集成到机器人主体中，比如搭载模块化便携板块，对应满足儿童群体能携带该板块上学的功能，同时内置控温仓，储存胰岛素注射用液。在经过讨论之后，相对于一稿方案，设计师团队改变了箱体的抽取方向，提供了更大的显示表情，以更好地进行儿童的关怀交互，于是便诞生了家用儿童血糖护理机器人的设计草图二稿（见图 4-3）。

家用儿童血糖护理机器人设计

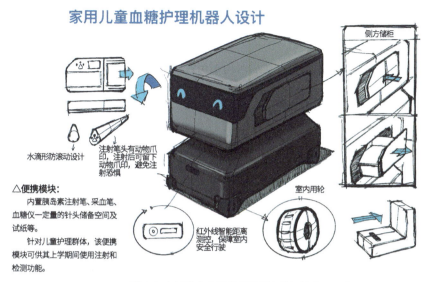

侧方储柜

水滴形防滚动设计

注射笔头有动物爪印，注射后可留下动物爪印，避免注射恐惧

△便携模块：
　　内置胰岛素注射笔、采血笔、血糖仪一定量的针头储备空间及试纸等。
　　针对儿童护理群体，该便携模块可供其上学期间使用注射和检测功能。

室内用轮

红外线智能距离测控，保障室内安全行驶

图 4-3　家用儿童血糖护理机器人的设计草图二稿

为了能让儿童操作更加简单，外观避免更多安全问题，同时实现更多的交互功能，达到控糖、治疗、护理、应用场景交互四大层面的功能满足，在经历了五次改版之后，最终的定稿方案包括设备的强制开关、模块的应用方式、控温仓的结构（见图 4-4）。

家用儿童血糖护理机器人设计

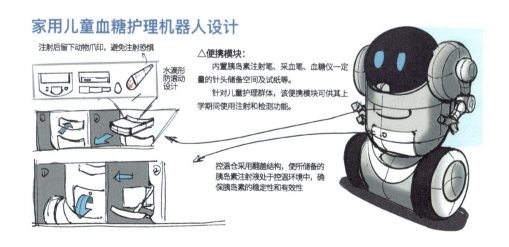

注射后留下动物爪印，避免注射恐惧

水滴形防滚动设计

△便携模块：
　　内置胰岛素注射笔、采血笔、血糖仪一定量的针头储备空间及试纸等。
　　针对儿童护理群体，该便携模块可供其上学期间使用注射和检测功能。

控温仓采用翻盖结构，使所储备的胰岛素注射液处于控温环境中，确保胰岛素的稳定性和有效性

图 4-4　家用儿童血糖护理机器人设计的最终定稿方案

该方案采用圆润的造型，同时搭载机械臂以及更加灵动的大屏幕，能够更好地实现交互功能。同时内置控温仓储备胰岛素注射用液，其中注射笔采用水滴形防滚动设计，注射头有动物爪印，注射后可留下可爱的动物爪印，从而提高趣味性，规避儿童对注射的抗拒心理。整个原型设计经历了复杂的改进过程（见图4-5）。

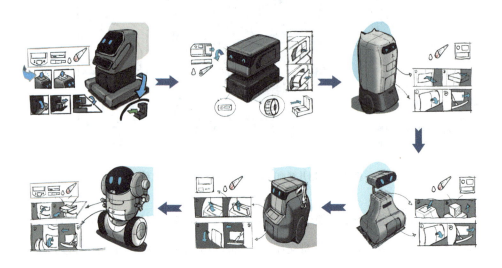

图 4-5 原型设计的改进过程

对程序类的产品进行低保真度设计时情况会有些不一样。在软件开发中更适合使用线框图来表示应用的基本布局和功能流程，其间通常不会涉及复杂的视觉设计元素。这个过程就像是在一块白板上用马克笔勾画出一个应用的主界面，标出哪里是按钮，哪里是文本，哪里是图像——这就是电子版的"纸上原型"。这个步骤可以用纸和笔来完成，但是现在有很多便捷的设计软件可以帮助设计师完成草稿的设计，视觉效果的呈现会更好一些，如某 App 的线框图设计稿（见图 4-6）。

图 4-6 某 App 的线框图设计稿

利用线框图，开发团队和利益相关者可以看到一个概念的可视化表示，这会让沟通更加直接有效。线框图可以在会议中迅速传递设计的基本思想，团队成员可以立即提供反馈并提出改进的建议，而不必等待详尽的设计图纸。在早期设计阶段，有太多的细节容易让人分心，低保真度设计帮助大家集中精力在产品的功能和用户体验上，而非美术字体或配色方案。这是一种将项目推向前行的高效策略，可以确保所有人都在同一步骤上，共同关注产品设计的核心问题。

即便是最简单的工具，只要能够有效推动项目进展就是好工具。在设计的早期阶段，快速迭代和激发创意往往比精确细致更为重要，纸上原型让设计师可以快速把握项目的方向和概念，为后续更高保真的设计工作打下坚实的基础。在实践中，许多成功的设计项目都是从一堆乱七八糟的纸张开始的，这些看似简单的纸面草图往往能孵化出创意的火花，进而演变为精美的设计作品。

4.1.2 高保真设计

低保真原型通常快速且廉价，它的重点在于测试和提炼设计的基本概念。而随着设计的逐步完善，设计师会转向高保真原型设计。这时候的原型会更加详细，内容不仅包括用户界面的具体布局和交互细节，也会向更真实的用户数据和动态元素进行拓展。高保真原型的目的是尽可能接近最终产品的体验，使团队成员、合作伙伴乃至客户都能更准确地评估产品的外观、感觉和操作方式。

对于经验丰富的设计师而言，完稿的高保真原型可能已经与最终产品极为相似。这种相似性也并非偶然。一个项目的性质和合作环境会大大影响原型的设计，客户的明确需求或特定的市场目标在项目一开始就已经决定了设计的方向，而一个资深的设计师往往能够准确把握客户的需求和用户的期望，从而在原型阶段就将设计推进到非常接近最终产品的程度。

到了高保真原型设计这一步，团队就要考虑数据输入输出、菜单选择、导航浏览等具体的工作流程与交互细节了。从这里开始已经不仅仅是设计部门的工作了，它是一个跨部门、多技术领域合作的结果，软件开发人员的编程技巧和硬件技术支持人员的技术知识要有机地融合在一起。比如，在手持移动设备相关开发领域，实现高保真原型可能需要一个初步的开放平台，设计团队可以在这个平台上调用设计中的大部分功能，或者还需要一个配备测试仪器的工程样机，将基于计算机的设计图形和交互原型实际运行在设备上以进行模拟和检验。

为了让高保真原型更加逼真，团队应尽量选择配备高频处理器和较大内存的设备作为展示载体。这些载体的可扩展性是非常关键的，它们需要能够支持各种程序，如 Java 程序，播放 Flash 动画，甚至是导入和显示高分辨率图片。尽管高保真原型非常贴近实际产品的外观和功能，但必须明白，这还不是最终的可生产设计。高保真原型的主要作用依然是展示和验证设计的实用性和效果，尽可能帮助设计师和开发团队发现并修正可能的错误，优化用户体验。

当进行高保真原型展示时，使用较大的显示尺寸通常是一个不错的主意，较大的显示尺寸不仅可以帮助设计师检查细节的错误，还能让团队更好地评估整体的布局和比例关系。在一些案例中，客户可能会直接提供产品的工业设计（ID）方案，在这样的情况下设计师通常推荐将高保真原型方案放置到实际的产品模型中进行整合测试，这样可以获得更接近实物的效果。而在某些情况下，为了让客户能更直观地理解产品功能和操作流程，设计团队还需要制作一个动画来演示原型。这种演示不仅可以提供客户操作体验，还可以用于进行用户的可用性测试，设计师可以利用原型演示收集用户在实际操作中的真实反馈，这有助于进一步优化产品设计。

高保真原型设计填补了概念与最终产品之间的空白，虽然高保真原型的制作成本和时间成本会比较高，但它带来的好处是显而易见的——设计师不仅能够验证产品设计的可行性，还能在产品最终面市前预见并解决潜在的问题。

对于图 4-4 显示的那款家用儿童血糖护理机器人来说，在使用低保真原型设计确定了最终方案之后，就该着手建模渲染以及实体模型的制作了，并在这个过程中不断推敲其中的结构与细节，完善整体方案，更加细化相对应用的材质与制作工艺，由于手绘草图无法将所有的造型细节、表面纹理都一一细化呈现，因此在渲染时需参考实际材质进行质感、纹理的调节，力求其在模型、渲染上都有一定的真实性，也呈现出更好的设计效果（见图 4-7、图 4-8）。

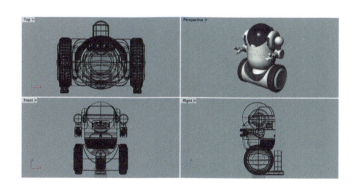

图 4-7 建模图设计稿

图 4-8 更加细化的渲染图

完成建模与细节渲染之后，制作出等比例的实体模型（见图 4-9）来进一步检验产品的细节。注意模型的材质质感与色彩最好可以与最终成品（见图 4-10）保持一致。

图 4-9 制作等比例的实体模型

图 4-10　模型成品

对于程序产品的设计来说，在高保真设计阶段，需要设计师进一步打磨原有的 UI 以及简单的功能实现。在应用开发中，高保真原型用来展示 App 的功能、设计美学、用户交互和流程的详细蓝图。与低保真原型的简单线框和基本交互不同，高保真原型提供了一个更加深入和具体的视角来让开发团队、利益相关者和测试用户能够实际体验产品的最终外观和感觉，如某移动端 App 的高保真原型设计（见图 4-11）。

图 4-11 某移动端 App 的高保真原型设计

高保真原型设计不仅仅是把界面做得漂亮那么简单，它包括了功能展示、交互细节，甚至是模拟用户操作的反应，如点击、滑动、缩放等行为的响应，就像用户真的在使用这个 App 一样。这种原型一般要求是可交互的，需要含有动态元素和真实的数据处理，它需要为最终产品提供一个准确的预览，从而让设计团队、开发团队、利益相关者，甚至是潜在的用户都能深入体验产品设计的各个方面，从而确保最终产品不仅在外观上吸引人，而且在使用上流畅无比。

设计一个高保真原型的过程通常是这样的：一开始，设计师会与产品经理详细讨论 App 的核心功能和用户需求，这一阶段大家需要确定这个 App 到底要解决什么问题、目标用户是谁以及他们使用 App 时最期待的是什么。有了这些基本信息，设计师就可以动手画出高保真原型的线框图（见图 4-12），也就是 App 的基本骨架。

图 4-12　高保真原型的线框图

接下来就是将这些线框图转变为具有丰富视觉效果的界面设计，一般需要设计师利用专业的设计软件，如 Adobe XD、Sketch、Figma 等，来创建精美的界面和流畅的用户交互动效。到了这一步，软件中的每一个按钮、每一个图标、每一种颜色搭配都需要精心设计，确保它们不仅外观上赏心悦目，而且功能上达到预期的效果。当然，高保真原型（见图 4-13）不仅仅是静态的画面，它的关键在于高互动性。设计师需要通过添加动画、过渡效果以及交互逻辑让这个原型"活"起来。这样，当用户点击一个按钮或滑动页面时，他们能够看到预期的行为。一旦原型制作完成就需要进行用户测试，测试阶段是一个反复的过程，设计师需要观察真实用户如何与原型互动，收集他们的反馈，然后根据这些反馈调整和优化设计。有时候一个小小的改动就可能极大地提升用户体验。

图 4-13 高保真原型

从高保真原型设计阶段开始，开发团队和技术支持团队的介入会越来越频繁。当某些设计在技术上难以实现或者需要特殊的硬件支持时，就需要开发团队或硬件技术支持团队的参与了，他们可以提供可行的技术方案或指出需要调整的设计元素。即使是最完美的高保真原型也只是一个原型，它展示了一个理想状态的 App 应该是什么样子，但要将这个原型转化为一个真正可用的产品，还需要开发团队的辛勤工作。

4.2 产品原型设计原则

首先，产品的原型设计要在专业理论基础上进行实践。原型设计的工作基于对人机交互、图形化设计、界面设计等这些相关理论的深入研究，设计师需要不断更新和梳理知识库，确保设计的每一步都建立在坚实的理论基础之上。设计师需要阅读最新的研究论文、参加相关的研讨会，或是与行业内的专家进行深入交流。这样的知识积累能够帮助设计师更好地理解用户行为，预见技术趋势，从而设计出更符合用户需求和市场潮流的产品。

其次，设计师要有良好的沟通能力。在工作中，设计师经常需要向不同的团队演示概念和想法，听取他们的反馈，包括市场部、产品开发团队，甚至是高层管理团队。这些演示和反馈的目的是更好地调整设计方向，确保原型不仅在技术上可行，而且在商业和市场层面上也是有效的。

在原型确认后，设计师还需要制作和优化各种视觉元素，如图标、用户控件等，这对设计师的专业技术有比较高的要求。产品设计团队要共同开发和完善产品中的重要附加值概念，设计师在工作中需要不断地迭代和修订，每一次迭代都可能涉及微调界面元素，甚至是完全重构用户交互逻辑。与商业和市场专家沟通，通过他们提供的市场分析和商业策略来确保设计的方向符合市场需求；与开发人员沟通，设计师需要确保开发团队清晰地理解设计的每一个细节，从而将原型准确地转化为功能完备的产品。另外，设计师还需要向质量控制部门提供详细的设计说明，确保在测试阶段能够精准地评估产品性能和用户体验。

再次，原型设计要符合相关行业标准。例如，在设计手持设备，特别是一些面向全球市场的品类时，需要符合国际标准，如国际标准化组织（International Organization for Standardization, ISO），它是一个独立的、非政府的国际组织。它由来自世界上 160 多个国家的国家标准化机构组成。ISO 致力于制定国际标准，其成员不仅包括全球各国的国家标准机构，如中国国家市场监督管理总局（原中国国家技术监督局）等，而且与国际电工委员会（International Electrotechnical Commission, IEC）等其他标准化组织有密切合作关系。ISO 与 IEC 的标准大多是非强制性的，但由于它们的普适性和优越性，被全球工业和服务业广泛采纳。这些标准的制定旨在促进国际贸易、提高产品与服务的安全性和质量，以及增强环境和消费者保护。它们与联合国的多个专门机构保持着技术联系，以确保国际标准能够与全球政策和发展目标保持一致。通过这种广泛的国际合作与标准制定过程，ISO 和 IEC 的标准成为全球商业、工业和公共利益的一种重要保障，有助于促进国际的理解和合作，确保产品、服务和系统在全球范围内的可靠性、安全性和互操作性。

以 ISO 9241 为例，这是一个关于办公环境下交互式计算机系统的人类工效学的国际标准，它的内容详尽地涵盖了从硬件设备的交互属性到软件界面的设计问题。假如设计师正在设计一款全球市场定位的新智能手机或是一款专业的图形设计平板，那么设计师需要确保这些设备不仅在操作上符合人体工程学原则，还要确保它们的用户界面简洁易用，能够跨文化、跨语言地提供有效交互。而 ISO 13407 则提供了一个框架，它定义了交互式系统的以人为中心的设计过程。这个标准强调在整个产品开发生命周期中，用户的需求和体验应该是设计和开发团队关注的中心，从初步的概念到最终产品的发布，每一步都应该围绕提升用户满意度来进行。

最后，在实际操作中设计团队要在视觉设计和功能设计之间找到一个完美的平衡点。经常能在市场上看到一些产品，它们在功能上做得很出色，但在视觉呈现上却略显粗糙，或者相反，一些产品外观精美绚丽，但使用起来却不尽如人意。在日常的设计过程中，设计师应该把握住交互设计和视觉设计的统一。虽然目前许多公司都在强调交互设计的重要性，在某些情况下视觉设计的地位被相对边缘化，但真正优秀的设计应该是功能性和美学的完美结合，二者缺一不可。因此，设计师在原型设计的早期阶段就应该同时考虑这两个方面。既满足功能需求，又具有良好的视觉吸引力的设计是可以通过详细的研究和分析来实现的。在设计资源允许的情况下，无论是时间上还是资金上，通过探索和测试多种设计方案来构建最终的原型都是非常有价值的。

4.3 产品原型设计工具的使用

下面用一个简易的线框图生成工具 Mockplus RP 的界面（见图 4-14）来展示如何制作 UI 界面的草图。如果想要使用更为专业化的工具也可以选择 Axure RP、Balsamiq 这些制作平台。

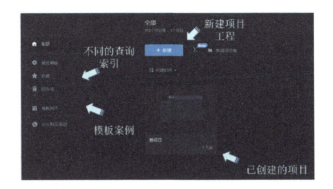

图 4-14 Mockplus RP 的界面

初始登录后是平台的项目管理界面，在这里可以看到之前创建的项目列表。在界面左侧可以选择不同的索引方式来查询线框图项目。新建一个工程，单击"新建"，选择合适的 UI 尺寸。

UI 的画板尺寸有一些主流设备、界面的预设像素尺寸，设计师可以根据项目的具体情况来选择。如果这些预设选项中没有设计师需要的 UI 尺寸的话，也可以用自定义尺寸，即输入具体的数值。完成选择后单击"确定"进入项目设计界面（见图 4-15）。

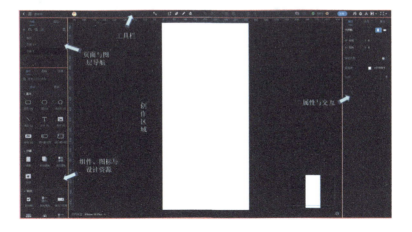

图 4-15 UI 线框图设计界面

整个设计界面可以分为五个区域，位于正中间的就是进行原型创作时的主要绘制区域，区域的左下角显示的是工程的 UI 体例，右下角则可以单击"指南针"按钮来打开工作区的导航图。在设计师将创作区放大进行作业时可以很方便地通过拖曳导航图来进行定位。

设计界面的上方是工具栏，这里有一些常用的操作按钮，而左右两侧的面板在工作过程中可以通过设置来打开和关闭，具体的操作方法是依次点击左上角的主菜单"视图"勾选或取消"显示左侧面板""显示右侧面板"（见图 4-16）。

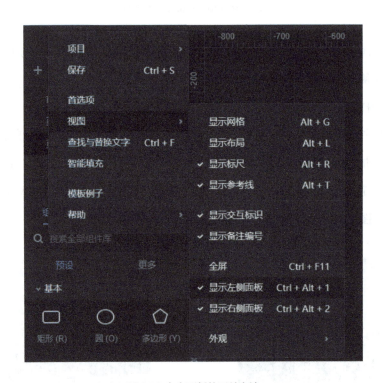

图 4-16 左右面板的开关方法

4.3.1 工具栏

顶部的工具栏左侧的位置包含三项功能，依次是返回、菜单栏按钮和项目名称。把鼠标悬停在"返回"按钮上时会出现最近编辑的项目（见图4-17），单击项目便可实现快速的切换。

图 4-17　返回按钮的下拉功能

在菜单按钮的下拉列表中主要是项目的相关操作，包括新建项目及导入 RP 项目文件等，还有一些全局的设置选项（见图 4-18）。

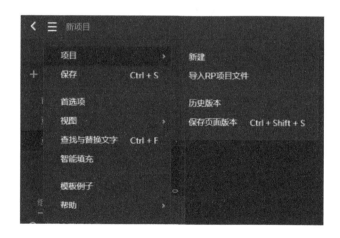

图 4-18　菜单键的下拉列表

在工具栏的中间位置的图标分别是流程图模式、辅助画板添加、钢笔工具、铅笔工具、橡皮擦、撤销与重做、编组与取消编组以及置顶与置底（见图 4-19）。

图 4-19 中部工具栏

单击"辅助画板添加"按钮，在区域内进行拖曳可以在工作区域的任意部位生成一个新的辅助画板（见图 4-20）。

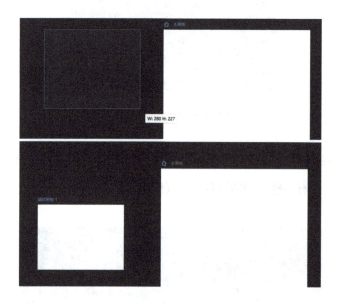

图 4-20 生成新的辅助画板

利用钢笔工具可以绘制一些简单的图形（见图 4-21）。

图 4-21 利用钢笔工具绘制简单的图形

撤销与重做功能相应的快捷键为 Ctrl+Z 以及 Ctr+Shift+Z。

编组工具可以将不同的元素归为同一组别，在图层面板中这些元素也会显示为同一组。取消编组功能可以将组中的元素重新归为相互独立的状态。

置顶与置底功能可以快捷地设置元素的显示顺序。

在工具栏的右侧部分的图标是画板列表、状态面板开关、页面缩放、发布工具、团队组员管理、发起视频会议、导出、演示以及页面显示（见图4-22）。

图 4-22 工具栏右侧图标

单击"画板列表"按钮会显示当前页面内部的画板列表，在其中可以编辑画板的名称，单击画板会将视角移动到画板中心。

页面缩放功能可以通过调整数值或者点击加减号来调整工作区域的缩放，此功能也可以使用 CTRL+ 鼠标滚轮来实现。

发布工具的作用是将设计稿发布到官方的平台上面。

团队组员管理功能用来管理团队组员，这一项功能只有在团队作业时生效。

发起视频会议功能主要是在团队作业需要交流时使用的，单击后会在组员之中发起视频会议。

导出功能可以将设计师的设计稿导出为 PDF 文件、图片或者是离线演示包，也可以导出为 RP 项目文件。

演示功能用来模拟设计稿的实机测试，可以选择从首页开始或者从当前停留页开始演示。

页面显示功能的作用是调整工作区域的显示效果，可以选择全屏显示，也可以在这里关闭 / 打开左右两侧的面板。

4.3.2 图层

在左侧的图层选项卡（见图4-23）中，设计师可以进行图层的浏览以及相关操作。

图 4-23 图层选项卡

页面中所有的元素都会在选项卡中按照层级顺序排列，包括画板、编组、面板、组件、形状、图标、流程线等。在这个层级列表中，选中某一个节点，工作区就会自动聚焦到这个节点上并选中，反过来在工作区中选中某项元素或组别，在选项卡中的相应选项也会自动聚焦并被选中（见图4-24）。

图 4-24 页面元素的选中状态

在元素处于选中状态时，单击右键即可选择相应的编辑操作，包括复制、剪切、克隆、删除、重命名、顺序、锁定、转为面板。改动层级会使元素在左侧的层级排序发生变化，处于同一层级的元素排序可以通过左侧列表中的拖曳进行调整，调整后的元素会根据新排序调整显示的优先级。

4.3.3 组件与图标的使用方法

左下方的菜单是原型设计中要使用到的所有组件、图标与设计资源（见图4-25）。

图 4-25 组件、图标与设计资源

双击想要使用的组件就可以将它置入工作区，或者可以直接将其拖曳到画板上设计师想要放置的地方。在组件面板中分为"预设"和"更多"两个子面板，在"预设"面板中提供的是各种标准组件，而在"更多"面板中提供的则是系统组件模板，如 iOS 和 WeUI 的组件模板（见图 4-26）。

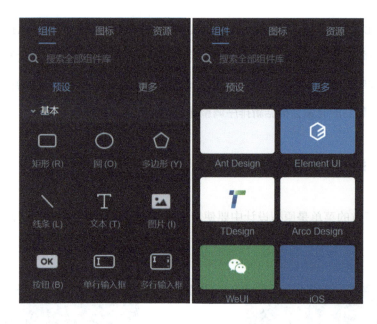

图 4-26 组件库中的不同分类

图标库（见图 4-27）中则涵盖了大量的图标，图标的使用方法与组件相同，双击或者拖曳都可以将图标置入工作区域。

图 4-27 图标库

关于图标还有一个很方便的小技巧，假如设计师想要替换某个界面元素中的图标，只需要选中这个图标，然后单击图标库中的图标即可实现快速替换（见图 4-28）。

图 4-28 图标替换前（上）与替换后（下）

4.3.4 属性面板

界面右侧的"属性"选项中所罗列的是所选中元素的具体属性，设计师可以通过这个面板调整不同的属性值。不同的元素具备不同的属性值，下面详细地讲解属性值的相关内容。

属性面板最顶部的按钮所对应的功能是调整元素在画板上的对齐方式（见图 4-29），共有左对齐、水平居中对齐、右对齐、顶对齐、垂直居中对齐、底对齐、水平等距、垂直等距八种对齐方式。这里的对齐指的是元素在画板上的排布方式，对于按键文字部分的对齐处理则要在文字部分单独设置。

图 4-29 按键的对齐方式

对齐方式下面一行是元素名称与元素状态设置（见图4-30），单击"按钮1"的位置即可自命名选中元素，右侧的三个功能键则分别是隐藏/显示元素、禁用/启用元素以及锁定/解锁元素。

图 4-30 元素名称与元素状态设置

再往下是元素的坐标与宽高设置（见图4-31），其中"W"和"H"分别表示元素的宽度与高度。宽、高右侧的锁表示是否保持元素的宽高比，在锁定状态下更改宽/高，元素会保持原有比例进行缩放。"X"和"Y"表示元素的坐标，其右侧用来控制元素的旋转，元素会根据输入的数值顺时针旋转，下方的两个按键分别代表垂直翻转与水平翻转。

图 4-31 元素的坐标与宽高设置

元素的坐标与宽高设置的输入框中还支持简单的四则运算，运算的表示方法与计算机的标准表示相同。分别用"＋""－""×""/"表示加、减、乘、除，也支持使用括号来改变运算的优先级。假如设计师想把元素的宽度更改为231的3.5倍，只需要在输入框中输入"231×3.5"按下回车键即可调整为想要的结果。

利用文本编辑面板（见图4-32）可以调整纯文本或者元素中的文本样式和排版方式，它的功能与 Word 等文字处理软件的逻辑是相同的，如果不清楚选项的具体含义，可以将鼠标悬停在选项的上方，便会显示出具体的解释。

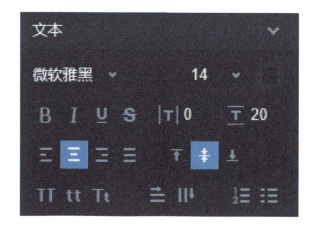

图 4-32 文本编辑面板

元素的外形属性（见图 4-33）用来调整元素的风格样式，比如透明度、填充色、边框的颜色与宽度、边框开口、圆角／直角以及阴影的调整。

图 4-33 元素的外形属性

扩展功能用来调整一些元素特有的属性，外形属性调整的是元素的共有样式，而更加具体且独特的样式则要通过扩展属性进行设置（见图4-34）。

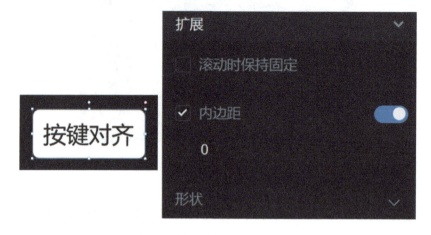

图4-34 按钮组件的扩展属性设置

4.3.5 交互面板

交互面板主要管理不同页面、组件之间的交互关系，所有元素与页面的交互都可以在右侧的面板中进行设置，更方便的方法是拖曳元素右上角的红圈直接连接到想要设置交互关系的组件上（见图4-35）。

图4-35 交互面板与组件的便捷交互

在选中元素的情况下，单击"添加交互"即可添加具体的交互操作（见图4-36），"目标"是选择交互操作的目标元素，下拉菜单中有组件或是页面两个选项卡，当前项目中所有的元素和页面都会在这里罗列出来。

图 4-36 交互的具体设置

假如为按钮添加交互操作，在选择交互目标后可以进行一系列的动作，也就是命令交互。命令交互包含许多作用方式，具体如下。

（1）移动：点击按钮后，目标组件会按照设定的方式移动到某一位置（见图4-37）。

图 4-37 移动设置

"X"与"Y"是移动坐标的设置，在勾选"相对值"的情况下目标组件会以自身坐标为起点按照设定的数值在二维坐标轴上进行相对移动，如果不勾选此选项，"X"与"Y"的数值就成了绝对坐标，触发后目标组件会直接位移到这个坐标上。下方的选项用来控制目标组件的位移方式，这里可以设置目标组件的运动时长和启动延迟，位移的速度可以在匀速和变速之间进行设置。

（2）调整尺寸：点击后目标组件的尺寸会变为设置的宽与高（见图4-38）。

图 4-38 宽、高变化设置

这里的相对值与控制移动时相似，也是用来设置目标组件是相对变化还是将宽高更改为设计师所设置的绝对值。相对值右侧的九宫格用来控制目标组件发生形变的中心点，也就是目标组件以哪里为不动点进行宽高的变化。

（3）缩放：缩放同样用来调整目标组件的尺寸，但是区别在于缩放会将目标组件按照所设置的比例进行缩放。缩放的设置界面与调整尺寸基本相同，只是将宽、高数值的设置变为了比例设置。

（4）旋转：点击触发后会将目标组件按照设置的角度进行顺时针旋转。

（5）显示／隐藏：控制目标组件显示／隐藏状态的设置（见图 4-39）。

图 4-39 目标组件的显示／隐藏状态设置

（6）切换内容：只有内容面板组件有这条交互命令，点击可以切换不同的面板。

（7）切换状态：用来控制有自定义状态的组件，触发的结果会展示组件不同状态的样式。

（8）滚动到：控制页面以及面板等容器组件滚动到目标组件所在位置，有水平、垂直、同时三种滚动方式。

4.3.6 状态面板

在组件被选中时会在画板的右侧出现一个方形面板，这个就是组件的状态面板（见图 4-40）。以按钮组件为例，在状态面板中可以编辑按钮在不同状态下的属性，如按钮在按下时的效果。

图 4-40 组件的状态面板

状态面板可以通过点击工具栏中的图标选择打开或是关闭，其中每种状态之间是相互独立的，互不影响。设计师也可以通过下方的"+"按钮添加新的状态分组，不同的状态分组都会默认继承各组件在对应状态下设计师已经设置好的交互属性，不需要进行重复设置。

产品交互设计

交互设计工作需要等到产品的概念形成之后才能进行。本章将交互设计的部分内容单独罗列出来，用实际的案例来演示。

5.1 项目交互细节

这一节笔者通过一款校园功能通信 App 的开发进程来详细地介绍交互设计的整个流程在实际中的操作。

5.1.1 市场调研与用户定位

在市场调研阶段，设计师获得了不少数据，下面展示其中的一部分（见图5-1）。

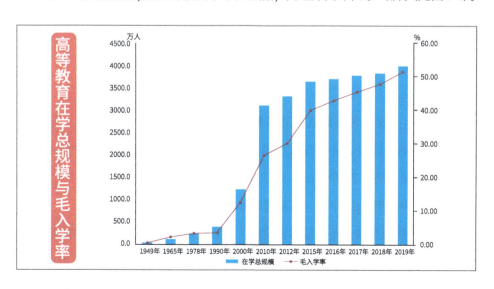

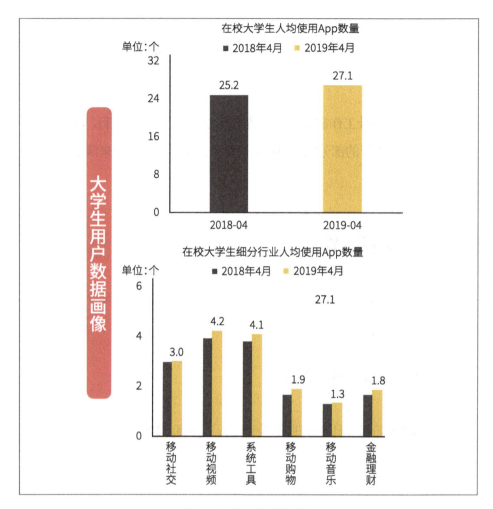

图 5-1 市场调研的部分数据

2023 年，我国各种形式的高等教育在学总规模为 4763.19 万人。这催生了种类繁多的校园类 App。在校大学生热衷尝试新事物，愿意下载并使用新的 App，平均每人使用 27 个 App。除了学业之外，在校大学生在移动视频、音乐、购物等领域中使用 App 个数也有明显增加。

大学生的消费潜力还是值得肯定的，所以在商讨之后，当时立项的 App 就定位在了在校大学生与学校老师。用户可以通过该 App 让校园生活更加便捷，在解决老师与学生之间交流不畅这一痛点的同时，还可以整合在校所需的其他功能来解决用户多应用切换的问题。

下面是部分用户访谈的内容（见图5-2）。

问题一：在校园生活中哪些活动会比较多呢？
某乎用户：上课呀、做作业，有时候还会和朋友出去吃饭、逛街什么的。

问题二：在学习和生活中需要运用到哪些应用呢？
某吧用户：学习强国、学习通、完美校园、智校乐、Keep、超级课程表、小青账、WPS等，反正就很多。

问题三：每天上课需要下载那么多应用，有什么地方可以改进呢？
某书用户：最好是能够减少一点应用量，每次需要下载很多的应用，手机内存都满了，大部分都是一个应用只能干一件事。

问题四：如果有可能做一款关于校园的应用，想要实现哪些必要的功能呢？
某推用户：上课所需的所有东西能够有一个集合，上课做笔记方便一些，如果有课下交友的功能就更好了。

问题五：一款好的App需要具备哪些条件呢？
某陌用户：完备的功能，合理的逻辑，简洁的界面，提供多方位需求，完善的交友设施。

图5-2 部分用户访谈内容

经过调研，设计师发现通知送达不顺、各类 App 使用占空间、校内各系学生之间交流少排在用户痛点前三位（见图5-3）。

通知送达不顺
老师与学生之间交流所建的多个QQ群在通知时容易被记录刷下去，并且很多通知在不同的软件发布，通知不能送达学生。

各类App使用占空间
在校期间，所需的App十分多，这让本就不多的手机内存雪上加霜，不利于统一管理。

校内各系学生之间交流少
各系学生在学习中没有很多的交集，在生活中并没有很多认识、交流的机会。

图5-3 用户痛点前三位

经过进一步的数据分析，团队对于用户群体的需求与使用习惯得出了结论（见图 5-4）。

图 5-4 用户需求与使用习惯

总结下来，设计师为该 App 设计了四个主要交互功能模块（见图 5-5）、一些主要功能（见图 5-6）和主要使用场景（见图 5-7）。

图 5-5 产品主要交互功能模块

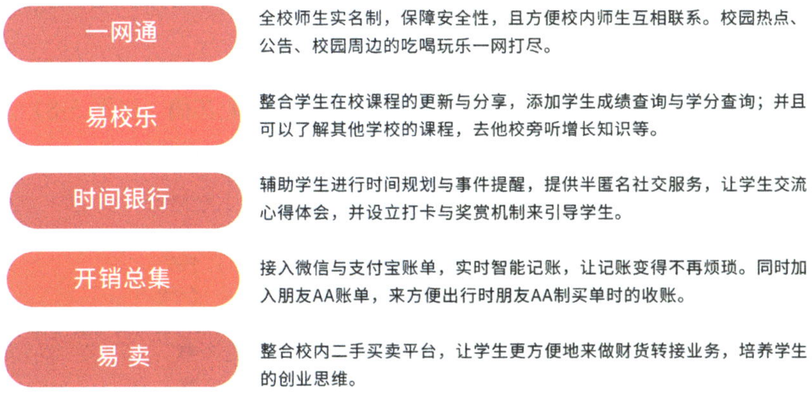

一网通
全校师生实名制，保障安全性，且方便校内师生互相联系。校园热点、公告、校园周边的吃喝玩乐一网打尽。
易校乐
整合学生在校课程的更新与分享，添加学生成绩查询与学分查询；并且可以了解其他学校的课程，去他校旁听增长知识等。
时间银行
辅助学生进行时间规划与事件提醒，提供半匿名社交服务，让学生交流心得体会，并设立打卡与奖赏机制来引导学生。
开销总集
接入微信与支付宝账单，实时智能记账，让记账变得不再烦琐。同时加入朋友AA账单，来方便出行时朋友AA制买单时的收账。
易 卖
整合校内二手买卖平台，让学生更方便地来做财货转接业务，培养学生的创业思维。

图 5-6 产品主要功能

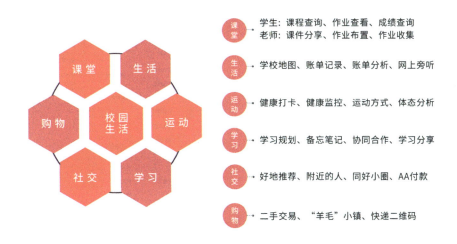

课 堂
生 活
购 物
校 园
生 活
运 动
社 交
学 习
课堂
学生：课程查询、作业查看、成绩查询
老师：课件分享、作业布置、作业收集
生活
学校地图、账单记录、账单分析、网上旁听
运动
健康打卡、健康监控、运动方式、体态分析
学习
学习规划、备忘笔记、协同合作、学习分享
社交
好地推荐、附近的人、同好小圈、AA付款
购物
二手交易、“羊毛”小镇、快递二维码

图 5-7 产品主要使用场景

通过对市场上的竞品进行调研，设计师发现有几款校园 App 在以校园社交为核心的基础上，发展出了大量的校园服务工具，独具特色的功能包括了校园生活中的问答广场和校园微综艺等。同时，还引入了一些第三方平台，包括证件照拍摄、简历制作、手机换钱、知识文库等功能。根据功能的相似度设计师也对一些其他类型的 App 进行了进一步的调研。

5.1.2 交互功能设计

根据调研内容，设计师设计了产品所应该具有的功能初稿（见图 5-8）。

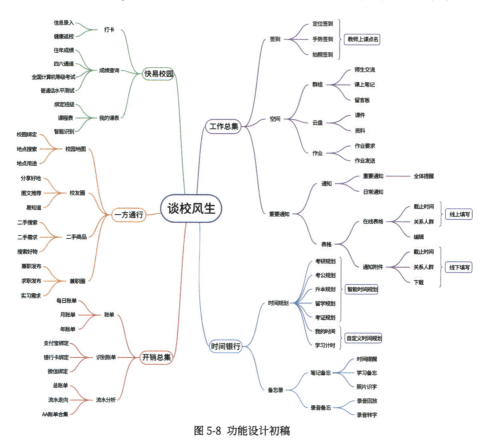

图 5-8 功能设计初稿

在这个项目中，团队一开始就想好了产品的 Logo 设计（见图 5-9）。

图 5-9 Logo 设计

5.1.3 交互逻辑的实现

在优化了功能设计的流程之后，设计师制作了 App 的初版交互流程图（见图 5-10）。

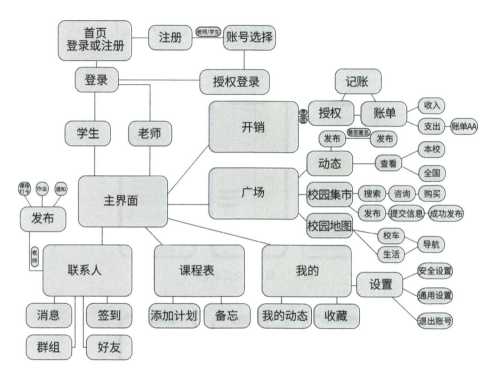

图 5-10 App 的初版交互流程图

在原型交互图方面，设计师采用了线框图（见图 5-11）和低保真交互原型图（见图 5-12、图 5-13）。

图 5-11 部分原型交互线框图

图 5-12 低保真交互原型图 1

图 5-13 低保真交互原型图 2

又经历了数次的删改，最终定稿并制作了高保真交互原型图（见图 5-14、图 5-15）。

图 5-14 高保真交互原型图 1

图 5-15 高保真交互原型图 2

5.2 音乐类 App 交互设计

5.2.1 初始功能需求设计

下面这个项目是一款主打音乐学习、乐器演奏 DIY 的音乐类 App。经历前期的用户调研与竞品分析之后，团队确定了产品的初始功能需求定义（见图 5-16）。

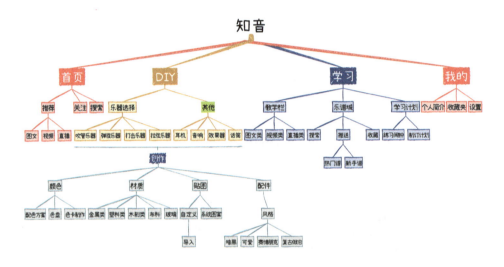

图 5-16 初始功能需求定义

开始团队把产品主要定义为三大模块，分别是学习模块、DIY 模块以及创作模块，后续经过讨论，又在原来的基础上添加了社区模块。

5.2.2 社区模块交互流程图设计

在完成了主要功能模块的定义之后，团队就开始了交互流程图的设计。

社区模块用于作品发布和社区交流，它的内容设计与交互逻辑是比较常见的，这也是该模块最先被确定下来的主要原因。设计师需要设计社区模块交互流程（见图 5-17）。

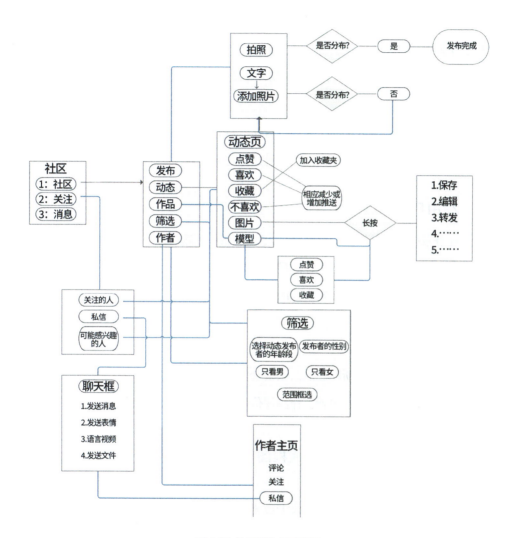

图 5-17 社区模块交互流程

1. 核心模块和功能

登录社区：用户登录的地方，提供社区部分的接入口。

功能选择：用户登录后可以选择进入社区的详细页面，查看关注列表或者进行消息管理。

社区页面：最主要的功能页，用户可以进行作品查询、动态查询、作品筛选等操作。

动态页面：社区内部的个人动态管理以及好友的动态查询。

筛选页面：可以对社区内部的信息进行交叉检索。

2. 用户决策点

在登录模块后，用户需要选择进入哪个次级页面。

进入社区页面后，用户可以选择相应的功能模块。

在动态页面，用户可以对内部的作品进行评价。

3. 信息反馈

动态更新：用户更新动态后，系统会实时同步动态更改。

操作确认：对于动态更新、作品评价等功能，系统会询问确认。

5.2.3 乐器 DIY 模块交互流程图设计

接下来，设计师需要设计乐器 DIY 模块交互流程（见图 5-18）。

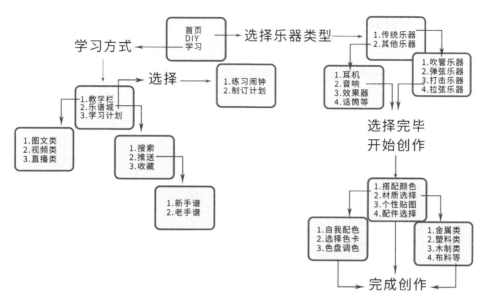

图 5-18 乐器 DIY 模块交互流程

1.核心模块和路径

初始选择：用户首先面临一个决定，可以选择学习或者 DIY。

学习模式：在这个模式下，用户将经历几个阶段的决策，包括选择具体教学服务、乐谱配置选项以及学习计划。

DIY 模式：这一路径允许用户进行更多个性化的选择和设置，适合那些想要更深层次自定义服务的用户。

2.功能分解

选择模式后的操作：每种模式下都有进一步的选项和功能，如在乐谱城模式下可以进行乐谱选择、服务选择等。

细节配置：无论是学习模式还是 DIY 模式，都提供了对所选服务或商品的详细配置，如数量、类型等。

完成创作：用户完成选择和配置后，进入创作环节，最后完成整个操作流程。

5.2.4 学习模块交互流程图设计

接下来，设计师需要设计学习模块交互流程（见图5-19）。

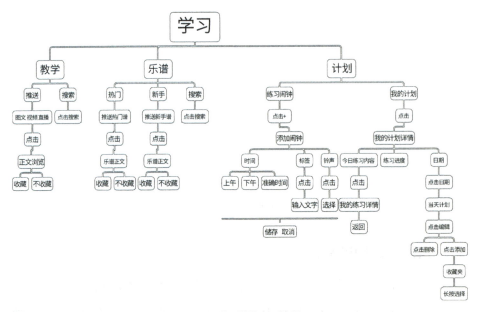

图 5-19 学习模块交互流程

1. 核心分类和模块

图 5-19 中显示了三个主要分类：教学、乐谱、计划。

二级分类：每个主要分类下进一步细分为多个二级分类，如"教学"下分为"推送""搜索"，这有助于用户快速定位感兴趣的领域。

2. 详细功能点

每个二级分类下进一步展开具体的功能，如在"推送"下可以看到"图文—视频—直播"的展开层次。

这种详尽的分层有助于用户理解应用的广度和深度，并快速导航至具体内容。

5.2.5 设计逻辑和用户导航

接下来，设计师进行低保真线框图的设计，包括社区功能交互线框图（见图 5-20、图 5-21 和图 5-22）、乐器 DIY 功能交互线框图（见图 5-23、图 5-24、图 5-25 和图 5-26）和学习功能交互线框图（见图 5-27、图 5-28）。

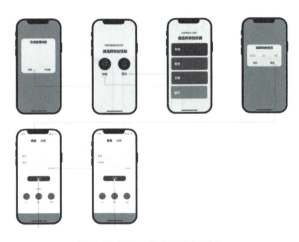

图 5-20 社区功能交互线框图 1

图 5-21 社区功能交互线框图 2

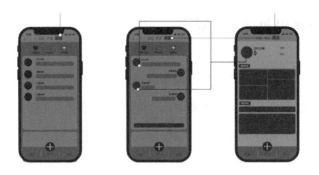

图 5-22 社区功能交互线框图 3

图 5-23 乐器 DIY 功能交互线框图 1

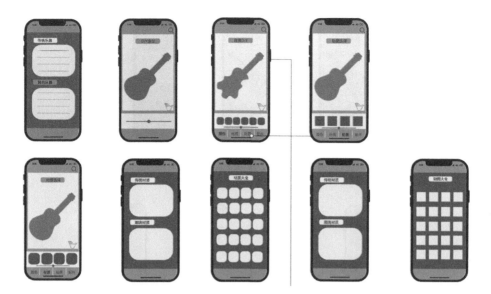

图 5-24 乐器 DIY 功能交互线框图 2

图 5-25 乐器 DIY 功能交互线框图 3

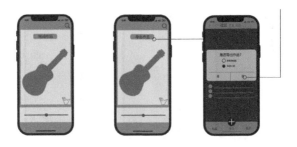

图 5-26 乐器 DIY 功能交互线框图 4

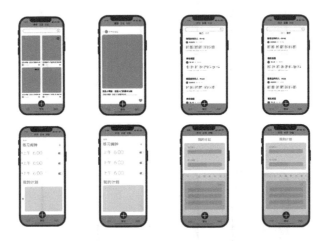

图 5-27 学习功能交互线框图 1

图 5-28 学习功能交互线框图 2

5.2.6 高保真交互页面试稿

完成了低保真交互线框图之后，团队经过数轮的反馈与修改，最终确定了基础的交互逻辑，并完成了数版高保真的设计稿（见图 5-29、图 5-30 和图 5-31）。

图 5-29 第一版设计稿

图 5-30 中间某版设计稿

图 5-31 最终版式设计稿

6 移动端交互界面设计细节

　　交互设计师就像是厨师，他的任务就是"确保菜品既美味又符合营养需求"，而视觉设计则像是为菜品摆盘，这道工序并不能保障菜品的味道，而是为了让人看了就有食欲，直接通过眼睛就能感受到美味。

　　在交互产品的设计里，设计师的"盘子"是显示器或者其他用户界面，"菜品"则是界面上呈现的内容和用户的交互行为。如果这些内容的呈现方式不够清晰或者交互方式不够直观，那么用户就会迷路，无法达到他们的目标。这就是视觉设计在交互设计中占据重要位置的原因——它几乎是用户体验的前线。

　　虽然艺术家和交互设计师使用相同的工具和媒介，但他们的目的截然不同。艺术家更注重表达个人情感或探索抽象的概念，他们的作品往往是为了激发观众的思考或情感反应；而交互设计师的工作则必须更具备目标导向，创作的内容不仅要美观，还要功能性强，能够帮助用户完成具体的任务。视觉设计也是设计师走向目标的一步，在这方面要与交互设计保持高度一致，互相帮扶着完成整个产品。

　　设计的核心在于找到最佳的方式来传达具体信息，视觉设计的任务是通过设计清晰地传达产品的工作方式和品牌信息。设计的成功不仅仅是看起来好看那么简单，更要确保用户能够通过设计轻松地理解产品如何使用，并通过使用过程感受到品牌想要传达的价值。

当然，这并不意味着设计师要忽视美学，美学元素在设计中仍然非常重要，它能增强产品的吸引力和用户的情感体验。但是，在一个目标导向的框架中，美学应该服务于更大的目标——帮助用户完成任务，增强品牌识别度。视觉设计需要在保持设计吸引力的同时，确保设计的功能性，让用户的每一次点击都不费劲、不迷路。

6.1 交互界面中的视觉元素

设计师通过操纵各种视觉元素来传达必要的行为和信息，不仅仅要让界面"看起来"好看，更要利用视觉元素的力量来增强用户的理解和体验。

无论是一个简单的圆形还是一个复杂的图标，每一个视觉元素都拥有自己独特的形状、颜色、大小和纹理，当这些元素被巧妙地组合在一起时，它们就能够传递比单纯文字更深层的含义。设计师通过色彩的使用不仅可以引导用户的注意力，还可以影响他们的情绪和行为，就像绿色和蓝色常常与平静和信任相关联，而红色可能激发能量和紧急感。如果两个界面元素采用了相同的颜色，用户可能会本能地认为它们之间存在某种关联或功能上的相似性。相反，对比鲜明的颜色则可能表明元素之间的差异或者分类。

在现代的视觉界面设计中，元素不仅在静态下存在，它们还会随着时间的推移或用户的交互发生变化。这种动态的视觉呈现可以极大地增强用户的理解，提升参与感。例如，一个按钮在被点击时变色或发光，表示用户的操作已经被系统识别。动画效果，如过渡、弹跳或淡入淡出，不仅美观，也能帮助用户理解界面的层次和流程。

通过精心设计的视觉界面，设计师可以构建一种直观且富有表现力的沟通方式，这样的方式超越了传统的文字交流，能够在无言中传达复杂的信息和情感，使整个用户体验既直观又富有吸引力。这就是视觉设计的魔力——它可以让用户在浏览网页或使用应用时，不仅仅是使用一个产品，而是享受每一次与产品交互的经历。

6.1.1 形状

无论是圆的、方的，还是不规则的多边形，形状是设计师认识这个世界的基础工具。就像人们能从一堆水果中一眼认出菠萝那样，哪怕给它换上一件蓝色的毛衣，它的轮廓还是会告诉人们这是一个菠萝。但当事情变得更加复杂，比如，在一个应用图标充斥的屏幕上找到一个特定的程序时，单凭形状就显得力不从心了，在大小、颜色和纹理都很相似的情况下，用户非常容易将它们搞混。

这并不是说在设计中应该忽视形状，相反地，设计师应该更加聪明地使用它。在设计图标或其他界面元素时，结合明显的颜色差异、大小变化或者添加独特的纹理可以显著提高识别率。也就是说当形状和其他属性（如颜色和大小）一起"工作"时，它们可以更有效地帮助用户快速找到目标，如通过形状与阴影来区分不同的模块（见图 6-1）。

更重要的一点，智能手机经过多年的发展，很多视觉上的设计语言已经变为一种约定俗成，用户的大脑中早就接受了这种成为设计规范的形状（见图 6-2），在一些关键控件的设计上设计师完全可以对用户多一些信心。

热门社区

推荐社区

图 6-1 通过形状与阴影来区分不同的模块

图 6-2 已经成为设计规范的形状

6.1.2 大小

大小这个看似简单的概念在设计界其实是个真正的重量级选手，在屏幕上，物体的大小对于吸引用户的注意力起着重要的作用。当用户浏览网页或者使用 App 时，通常是那些比较大的标题、图片或按钮抓住了用户的目光，这就是大小的魔力——它几乎可以直接控制用户的视觉焦点。

在视觉设计中，较大的物体往往比周围较小的物体更能吸引注意力，尤其是当它们大得非常显著时。人们天生就会对大的物体更感兴趣——可能是出于好奇，也可能是因为大的东西在设计师的视觉场中占据了更多的空间。大小还是一个有序和量化的变量，人们在潜意识中会自动按照物体的大小进行排序，并倾向于把大小差异解读为重要性或优先级的差异。在设计中，如果设计师想强调某些信息，如促销信息、警告或者关键的操作按钮，就可以让这些信息和元素比其他内容显示得更大一些。视觉设计中常常使用不同大小的文字来创建明确的标题层级，大号字体通常用来显示重要的信息，即重要按钮与重要信息都可以用大小对比的方式突出，而较小的字体用于次要信息或详细内容（见图6-3）。

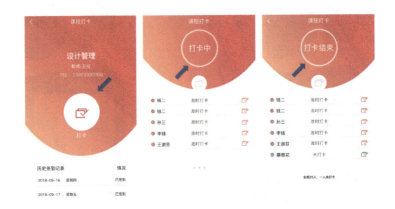

图 6-3 重要按钮与重要信息都可以用大小对比的方式突出

但是，如果滥用大小对比则会造成视觉和感知成本的增加。大小是一种解离属性，如果某个物体非常大或非常小，那么使用其他元素（如形状或颜色）来区分这个物体可能就变得不那么有效了。这也说明了为什么在设计中，对大小的运用需要精心考量，以避免过度使用大小对比而导致的视觉混乱或用户体验的不一致（见图6-4）。

图 6-4 过度使用大小对比会造成视觉混乱

6.1.3 色彩

色彩是这个世界上最直接的情感触发器，它对于深层次情绪反应的引发能力可以说是独一无二的，在设计师的工具包里色彩无疑是最亮的一颗明星。

设计师选择颜色时绝不能随随便便，每一种颜色的选择都必须经过深思熟虑，确保它们不仅能够帮助用户完成目标、适应环境，而且能够反映内容并且贴合品牌形象。例如，一个面向医疗专业人员的应用最好选择柔和、低饱和度的蓝绿色调以传达安静和专业，而一个旨在激发用户能量的音乐应用可以选择充满活力的红色或橙色（见图6-5）。

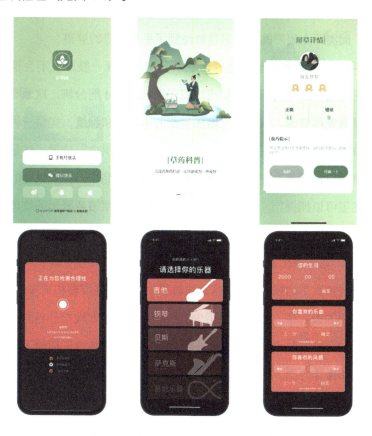

图 6-5 医疗 App 与音乐 App 的色彩选择

色值（颜色的明暗程度）、色调（颜色的基本特征）和饱和度（颜色的强度）的调整比较需要设计师的个人经验，这些颜色属性的微调可以影响用户的视觉体验和情绪反应。色值可以影响视觉的深度和重点，较深的色值常用于背景，以突出更亮的色彩；色调决定了颜色的冷暖属性；饱和度则可以增强或减弱颜色的视觉冲击力。

6.1.4 纹理

尽管设计师无法真正触摸到屏幕上的元素，感受它们的质地，但是设计师们却能巧妙地通过视觉效果模拟出纹理的感觉，让用户"感觉"到一个平滑或粗糙的表面，而实际上用户的手指只是触碰到了平平无奇的屏幕。

因为用户通常更容易被颜色或形状所吸引，纹理一般来说不会是第一个抓住注意力的元素，纹理的细节需要用户更仔细地观察才能分辨，这意味着它们需要更多的视觉处理资源。纹理可以增加界面的丰富性和深度，提供一种微妙但有效的方式来增强用户的交互体验，如提供给用户"能供性"信号，这是设计中用来指示元素可以进行某种交互的视觉线索。在物理产品中，橡胶纹理的区域往往意味着"这里可以抓握"。在用户界面中，一些看似褶皱或隆起的纹理会提示用户这里可以进行拖曳操作，而按钮上的斜面或阴影让按钮看起来可以被点击。

随着设计向扁平化发展，拟物化和纹理的使用确实有所减少。虽然扁平化设计强调简洁和直观的视觉风格，这意味着更少的装饰性纹理和更多的干净线条。但即使在极简的设计中，适当地使用少量纹理也可以极大地提升界面的可用性和易用性。这种巧妙的纹理使用可以在不破坏整体视觉简洁性的前提下，帮助用户更好地理解和操作界面。

6.1.5 位置

在用户界面上，一个元素的位置可以讲述很多故事。就像大小一样，位置也是一个有序和量化的变量。通过元素位置的排布，设计师可以很容易地传达层级和优先级的信息。在现代，人们习惯于从左上角开始阅读，所以放在左上角的元素往往被认为是最重要的或者是需要首先关注的。这并不是一个巧合，而是利用了用户的阅读习惯来引导视觉焦点和操作流程。

通过位置关系还可以在屏幕上的元素之间创造空间关系，这一点在要求精确和直观的界面中特别有用，如医学影像系统或者汽车驾驶界面。在这些界面中位置可以帮助用户快速理解信息，如一个按钮离方向盘很近也就意味着它是用来控制车辆的常用功能。

位置还可以用来暗示概念关系，如屏幕上紧挨着彼此的元素通常被认为是相关联的或具有相似性的。这种通过空间位置表达逻辑关系的方法不仅使界面更加整洁，还能帮助用户理解不同元素之间的关系，如并排排列的功能模块为相同层级（见图 6-6）。

图 6-6 并排排列的功能模块为相同层级

动画也可以用来增强通过位置建立的逻辑层级。以智能手机或平板电脑的应用为例，当用户点击某个 App 时，动画会从图标平滑过渡到 App 的打开页面。这种水平动画不仅提供了视觉上的连贯性，而且强化了从集合到个体的逻辑层级。这样的设计让用户的操作流程感觉自然且符合逻辑，从而提升整体的观感。

6.1.6 文字与版面

文字和版面这对组合可谓设计界的"面包与黄油"。文字不仅仅是填充内容的工具，它自身就能传递大量的信息，能够给用户界面增添深度和意义。但是如果使用不当，文字同样有能力让整个界面变得乱糟糟的。文字的作用不仅是告诉用户内容是什么，还可以通过其形式和排版影响用户的阅读体验，文字是极其密集的信息载体，每个字母、每个词汇都承载着意义。

而一个清晰、合理的版面能够吸引用户的眼球，使信息传达更高效。下面是一些实用的经验法则。

1. 形状识别与文字辨识

人们识别文字主要依靠形状，文字的形状越清晰，辨识起来就越容易，因此在设计时要尽量选择形状清晰的字体（见图 6-7）。

苹方
常规 加粗

SanFrancisco
Reguiar bold

Montserrat
Regular Bold

DIN alternate
Antermate Bold

图 6-7 形状清晰的字体

2. 避免全部使用大写字母

虽然大写字母看起来很吸引人，但实际上它们会降低阅读速度。大写字母缺乏大小写混合时的高低起伏，会使每个单词的形状更加统一，从而增加识别的难度。这就是为什么在设计界面时设计师通常只在需要强调的地方使用大写字母，而不是全部单词都大写。

3. 版面的视觉舒适度

设计良好的版面应该让人感到视觉上的舒适，包括合适的行间距、字间距和段落布局。适当的空白（或称为"负空间"）也是很重要的，不仅可以防止文字堆砌造成的视觉疲劳，还可以突出真正重要的信息（见图6-8）。

图 6-8 舒适的版面设计

4. 适应不同媒介

版面设计还应考虑不同的显示设备。例如，在手机上阅读时，由于屏幕尺寸限制，版面布局需要更加紧凑，以减少滚动的需求。

6.1.7 信息层级

当用户面对一个视觉界面时，他们的大脑会在第一时间下意识地评估界面上最引人注目的信息或对象，并且理解这些元素之间的相互关系。这就像走进一个新的房间，人们的目光会首先被最大的或最亮的物体吸引，然后才开始注意到其他细节。设计师可以利用这一本能巧妙地创建信息层级，使用户的"解码"过程变得更加迅速和轻松。

信息层级通过使用不同的视觉属性（如大小、亮度、颜色对比等）来给界面分层，就像在给界面设置一个视觉上的优先级系统，帮助用户快速理解哪些信息是主要的、哪些是次要的。比如，设计师可以将最重要的信息用大字体、鲜明的颜色展示，而次要信息用较小的字体和较不显眼的颜色展示，这样用户在浏览页面时能够自然而然地按照设计师的意图接收信息（见图 6-9）。

在不同类型的应用中信息层级的处理方式是不同的，尤其对于那些暂时性的应用。例如，营销活动的网页或者快闪店的 App，它们的信息层级通常会分割得非常明显，设计师会创造鲜明的对比和明确的视觉引导以确保用户能迅速抓取关键信息，毕竟用户与这类界面的互动时间可能非常短暂。

对于独占式应用，如用户可能每天都要使用的办公软件或者邮件客户端，信息层级可能就不那么明显了。这类应用通常需要用户长时间使用，因此设计师会更加注重细节处理和整体的用户体验，确保即使长时间使用，界面也不会让人感到疲劳或信息过载。

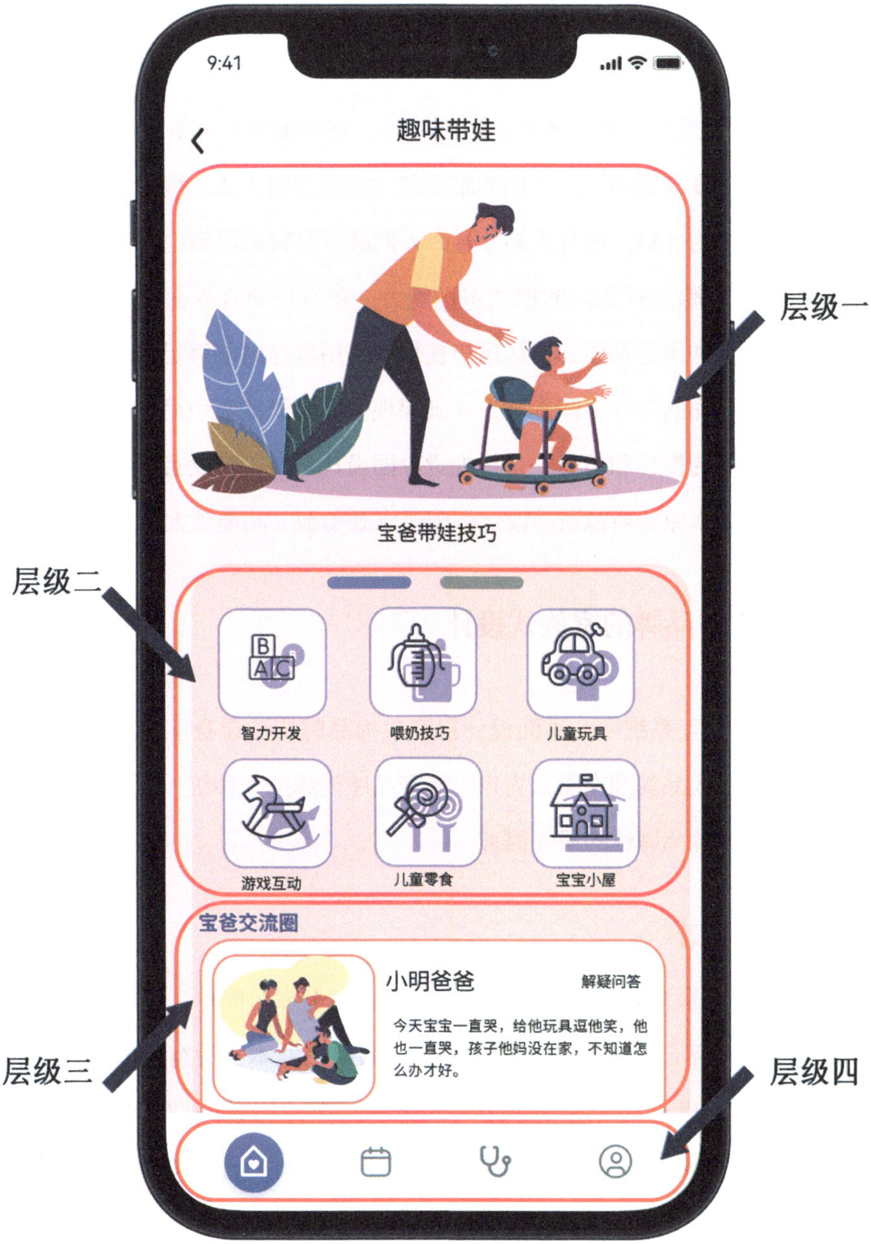

图 6-9 利用视觉分出信息层级

6.2 交互界面的视觉设计原则

人类的大脑是一台神奇的模式识别机器，它不需要显式的命令就能处理和解析眼前的高密度视觉信息。人们的眼睛和大脑配合得天衣无缝，几乎在瞬间就能完成这类复杂的计算，而且大部分时间人们甚至没有意识到这个过程。

正是基于大脑这种强大的模式识别能力，在设计交互界面时，设计师需要尽可能地最大化利用这种能力，让用户在使用应用程序时能够迅速、准确地获取所需信息。设计师的工作实际上就是要确保视觉界面既能吸引用户的注意，又能直观地传达必要的操作和信息。虽然视觉界面设计是一个宽泛且复杂的领域，不过还是有一些基本原则可以帮助设计师创建出既美观又功能强大的界面。

6.2.1 风格与品牌的家族式设计

在现代的交互系统中，界面设计已经成为品牌传达自身承诺和风格的主战场，现如今许多大品牌都在尝试为自己的产品序列添加一种统一风格的家族式设计，试图形成一种品牌性的设计语言。

1. 品牌承诺

品牌承诺不是把品牌的 Logo 贴在每个界面上那么简单，其核心是通过每一个交互细节展示品牌的核心价值和承诺。如果企业本身没有明确地定义这些品牌承诺，那么设计过程就会遇到麻烦。对于年轻企业或小型企业，这种品牌核心价值和承诺可能还在形成过程中，而大型公司大多已经有了明确的营销和设计指导。因此，在设计交互界面时，即便是初创团队也要考虑延续品牌的设计语言（见图 6-10）。

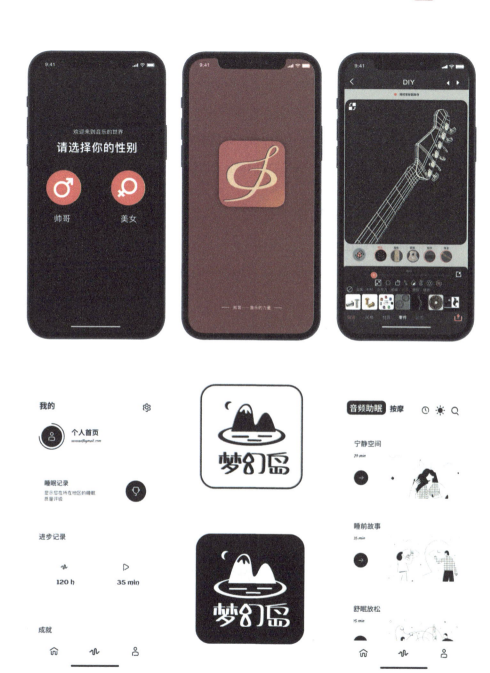

图 6-10 即便是初创团队也要考虑延续品牌的设计语言

2. 创造体验属性

体验属性用来描述人们在使用产品或服务时应该感受到的东西。这些体验属性通常会展示为"词云"，其中除了关键词，还有一些辅助性的词汇来帮助细化和消除可能的歧义。这些属性将成为界面设计的指导方针，不仅影响视觉设计，也能指导设计师在功能相似的设计选项间做出选择。

3. 处理张力和优化属性

有趣的是，这些体验属性之间有时会存在张力，如"安全"和"灵活"可能同时出现在同一个"词云"中。这种张力其实是有益的，它们可以在早期的样式研究中帮助优化一两个关键体验属性。这种方法可以使设计更加聚焦，并便于设计师与利益相关者进行讨论，清楚展示每个属性是如何与品牌承诺相联系的。

6.2.2 优化视觉层级

优化视觉层级的过程有点像进行视觉上的侦探工作，每当用户打开一个界面时，他们的大脑几乎立刻就会开始解析："这里面哪些东西是重要的？"紧接着就是："这些元素之间有什么联系？"设计师的任务就是要确保界面设计能够清楚地回答这些问题，让用户的使用尽可能顺畅。

首先，设计师要根据场景明确区分哪些控件和数据是用户需要立刻理解的，哪些是次要的，哪些只是偶尔会用到的。这种优先级的排列是视觉层级策略的基础。通过分级，用户可以迅速地把注意力放在最需要看到的信息上，而不是在无关紧要的细节上浪费时间。

其次，设计师要运用基本的视觉元素如位置、颜色和大小来区分这些层级级别。举个例子，重要的元素可以被设计得稍大一些，使用的颜色的色调、饱和度或者色值与背景形成强烈的对比，位置上也应该更加突出，如放在页面的上方或使用缩进、悬垂等技巧来突出其重要性。相对来说，那些不太重要的元素，可以采用更低的饱和度、更淡的色调，并保持较小的尺寸，与其他元素在视觉上保持一致。

当然，在调整这些视觉属性时，设计师应该持有克制的态度，并不是所有重要的元素都必须大、鲜红且带有特殊效果，往往只需要改变其中一个或两个属性就足够了。如果发现两个重要程度不同的元素在争夺注意力，通常更好的策略是调低不重要的元素的视觉冲击力，而不是过度调高重要元素的特性。如果屏幕上每个字都用红色粗体，最终将无法突出任何内容。尽管用户可能不会直接注意到良好的视觉层级，但一旦层级设置不当，缺点就会立刻显现出来，最终造成元素显示混乱和用户使用困难。

6.2.3　为每一层都提供视觉结构

如果把用户界面比作一个由多层的视觉和行为元素构成的大楼，那么每一层、每一个房间都有它的功能和美感。从单个元素到组、从窗格到整个屏幕或视图，每个层级的视觉结构都是需要精心组织的（见图6-11）。在这个结构中，每一部分都是为了提供清晰的导航路径而存在的，为了确保用户能够毫不费力地从一个区域流畅地过渡到另一个区域。

图 6-11 不同层级之间的视觉结构

1. 视觉元素和行为元素的"界面分组"

将用户界面看作由视觉和行为元素构成，可以帮助设计师更好地理解它的组织方式，视觉元素提供信息和美感，行为元素则关注用户如何与界面互动。将这些元素按照它们的功能和用途分组，就像在一座大楼中将不同的功能区域组织在一起一样。例如，所有编辑工具可以放在一起，而所有上传和分享的功能则分组在另一个区域，使同一页面内的视觉结构更加清晰（见图 6-12）。

图 6-12 同一页面内的视觉结构

2. 组织成窗格和视图

从更宏观的角度看，这些分组又可以被组织成窗格，每个窗格承载一组相关的功能，这些窗格被组织成不同的视图或页面。这种层次化的组织方式可以帮助用户更好地理解应用程序的结构，使得从一个功能到另一个功能的跳转变得既有逻辑又自然。

3. 使用视觉属性进行分组

视觉属性如间距、颜色、大小和纹理都可以帮助区分不同的组和层次，就像增加组件之间的间距可以明显区分不同的功能区，使用不同的颜色或风格可以标示信息的重要性或层级。在独占式应用程序中，可能存在多个这样的结构层次，因此使用这些视觉属性来维持清晰的视觉结构尤为重要。

4. 保持清晰的视觉结构

保持清晰的视觉结构意味着用户可以轻松地根据自己的工作流程从界面的一个部分导航到另一部分。在设计界面时，要考虑用户如何查找信息、如何执行任务以及他们期望的反馈是什么样的。良好的视觉结构不仅能减少用户的认知负担，还可以形成内部层次，增加应用的整体吸引力和易用性（见图6-13）。

图 6-13 使用视觉结构形成内部层次

6.2.4 实现良好的能供性

当用户首次打开一个页面或探索一个新功能时，他们的第一反应通常是尝试理解可以在这个界面上做些什么，这就是所谓的"能供性"原则——一种旨在通过视觉线索明确告诉用户他们的操作选项的设计原则。要实现良好的能供性，设计师要在设计中考虑如何通过布局、图标和视觉符号清晰地展示可用的功能和操作，不仅要将按钮或链接设计得引人注目，还要通过整体布局来指引用户的操作流程。

1. 空间和内容的分类

合理的布局可以帮助用户直观地了解哪些元素是可以互动的，哪些是静态信息。对界面元素进行清晰的分组和分隔，可以让用户一眼看出各部分的功能和用途（见图 6-14）。

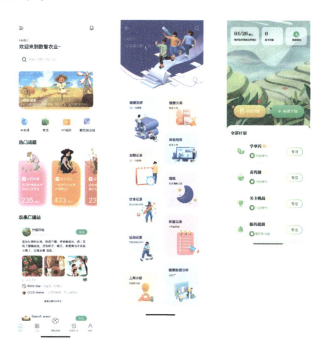

图 6-14 直观的设计风格

2.图标和视觉符号

图标是快速传达信息的有效工具，好的图标可以跨越语言和文化差异，直观地告诉用户它的功能，是非常有效的视觉符号（见图 6-15）。例如，一个放大镜图标通常与搜索功能相关联，而一个购物车图标则清楚地标示了购物功能。

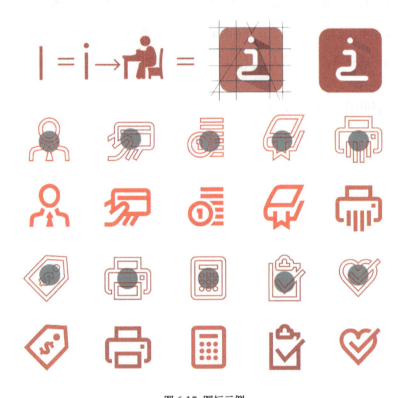

图 6-15 图标示例

3.预览视觉效果

在可能的情况下，利用视觉效果预览操作的结果可以极大地增强界面的能供性。例如，当用户将鼠标悬停在一个链接上时，稍微改变颜色或显示一个小的预览窗口可以预告即将跳转的内容或操作效果。

这些设计原则都是为了帮助设计师创建一个美观的界面，更重要的是能使界面的功能一目了然，让用户一看就懂。这种直观的设计可以极大地提升用户体验，缩短用户的学习时间，让他们能够迅速、自信地使用新界面或新功能。

6.2.5 命令的响应

响应命令是一种明确的反馈机制，它能够让用户知道系统收到了他们的命令。当用户在设备上滑动或点击执行命令时，他们必然希望看到一些动作发生，不然用户就会处于一种"我真的按到这个键了吗？"的疑惑中。这种对操作的顾虑久而久之就会造成精神上的疲惫感，用户对产品的使用意愿就会大大降低。

对于用户的交互操作，使用直接的、即时的反应是最理想的，这能够让用户感到自己对应用有直接的控制权，所以瞬时的响应通常不需要任何额外的视觉设计。但并不是所有的命令都能瞬间完成，如果操作的反应时间有了零点几秒的延迟，那就需要设计一点小提示来告诉用户："嘿，我收到了你的命令，正在处理中。"这种反馈通常是一个简单的动画效果或者是振动。如果处理的时间达到数秒钟，那么用户肯定不想就这么干等着，这时候，最好用一些更明显的视觉线索来说明情况。常见的做法是显示一个加载动画，如转圈圈，或者一个进度条，这样用户就知道系统没有卡住，而是在忙碌地工作，还可以显示一个预计剩余时间，让用户知道大概还需要等多久。

如果一个过程需要超过 10 秒，那就需要更多的沟通了。这时候不仅要告诉用户需要等待，最好还能解释一下为什么会这么久。显示一个详细的进度条或者进度更新也是个好主意，让用户知道虽然需要等待，但事情正在有序地进行。如设计不同风格的下载（loading）界面（见图 6-16）。当过程最终完成时，配上一个有礼貌的提示，如"完成啦！谢谢等待！"，这样用户就可以愉快地继续他们的任务了。

图 6-16 不同风格的 loading 界面

6.2.6 引导用户的注意力

在设计软件时，除了实现工具属性，设计师还希望能主动向用户提供重要信息。现代智能手机应用通过设计来确保用户不需要四处寻找重要的事件。通知栏就是一个绝佳的例子：只需要看一眼，用户就可以立即知道有多少未读短信、社交媒体的最新动态，或者游戏中的更新情况。这种设计思路能够有效地将用户的注意力引导到最重要的事件上。

对比元素的大小、颜色、动作等让某个元素在界面上脱颖而出，使其在视觉上与周围环境形成明显的对比是一个非常有效的方法。这听起来似乎很简单，但实际上需要先解决两个问题。

第一个问题是设计师对注意力的抓取并不完全可控。当设计界面时，使用强烈的视觉对比可以有效地将用户从他们目前的任务中拉回到更重要的事件上。但是，如果这种对比处理得不恰当，就会显得过于突兀或粗鲁。一个经典的例子是铺天盖地的页游广告，虽然它们确实能够吸引用户的注意力，但往往因为过于干扰用户而引起反感。

第二个问题是设计师如何在保持注意力信号有效的同时，还能保持整个应用的体验一致性。如果应用设计走的是低调、简洁的路线，突然间用一个响亮的喇叭声或强烈的视觉效果，虽然可以吸引用户的注意力，但应用原有的整体氛围和承诺也在同一时间被打破了。

交互设计案例解析

这一章以一个完整的项目为例，介绍一下平日的交互设计工作到底是怎样的一个流程。笔者选择的是一款医药类 App "药健康" 的交互设计开发过程，设计团队对整个项目的用户痛点进行了分析（见图 7-1）。

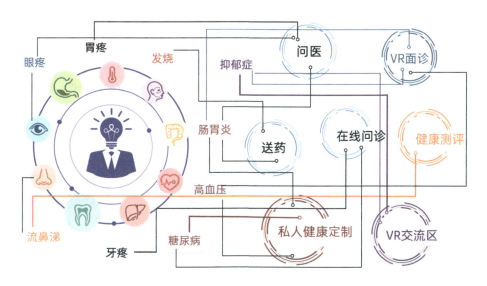

图 7-1 用户痛点分析

7.1 项目速览

设计团队对该项目的服务系统（见图 7-2）、交互框架（见图 7-3）和与其相关的穿戴设备端的交互界面（见图 7-4）都进行了设计。

图 7-2 "药健康"项目的服务系统

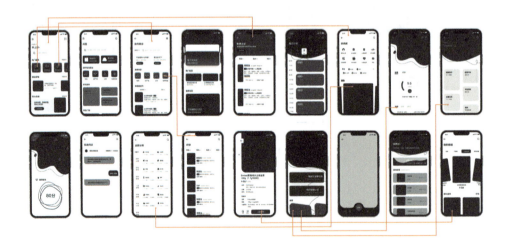

图 7-3 "药健康"项目整体的交互框架

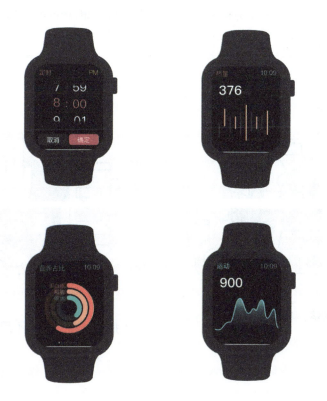

图 7-4 穿戴设备端的交互界面

7.2 登录页面与引导页面

登录页面与引导页面在设计上是比较公式化的，但是对于一款 App 来说，它的重要性在于建立起用户的"第一印象"。用户对于一款产品是否有眼缘在很大程度上决定了他们对于产品的初期评价，在以功能为主导的产品设计中很容易忽略这一点。

引导页面（见图 7-5）从视觉风格与功能实现两个方面为产品定下一种"基

调"。用户能够从这一部分得到什么信息呢?最直观的是色彩、形状、图标设计风格这些视觉元素,其次是文字。

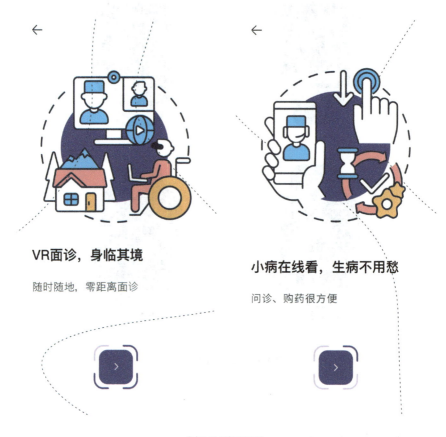

VR面诊,身临其境

随时随地,零距离面诊

小病在线看,生病不用愁

问诊、购药很方便

图 7-5 引导页面

相较于视觉上的定调,功能介绍的文字反而处于次要位置。文字与图像在传达信息的效率方面有着很大的差异,在设计引导页面时设计师默认用户会快速地滑过这一部分,在这样一个极短的展示时间中,色彩、形状、图标设计风格等视觉元素能够留下非常清晰的观感,而文字就做不到这点。

登录页面更好做一点,基本的页面框架设计在很多设计软件中都会提供模板,只要注意视觉风格的统一就可以(见图 7-6)。

图 7-6 登录页面

如果说登录页面与引导页面是门板，那么首页就相当于 App 的大堂了（见图 7-7）。

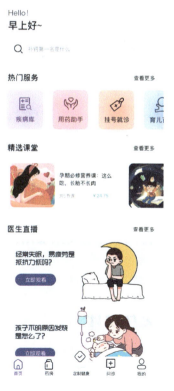

图 7-7 首页设计

在首页中需要提供主要模块的接入口（见图 7-8），这些接入口并不一定并列排布，并列排布会显得有些"呆"。对于一些最常用的功能，设计师可以提高其排布的优先级，而主要的模块接入口可以放置在一些并不显眼的固定位置，只要用户需要的时候能第一时间找到它就可以了。

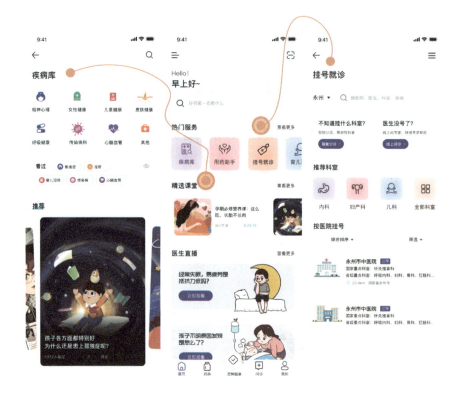

图 7-8 首页主要模块的接入口

7.3 个人资料建档交互设计

在产品的规划中，设计师希望用户可以将其作为个人健康档案管理的工具，从时间的跨度上将过去的、现下的以及未来的身体状态在 App 中进行记录。从产品端来说，这样的设计能够增加用户的平台黏性；从用户端来说，这是一个非常便捷的健康管理工具，从一定程度上补充了个人病历记录。这样的设计是值得推荐的，产品既要为用户带来好处，也要为公司带来好处。

App 中个人身体状况录入页面的设计（见图 7-9）必须带有一定的引导性与强制性，设计师需要用户记录下自己身体的基本状况，最好的方式是将其安排在登录之后就自动弹出进行录入。

在"个人档案录入"这样的功能设计中，业界公认的最优解是进行半强制性的引导，这一点无论是 PC 端还是移动端都是如此。为什么要这样设计呢？因为在进行交互设计时，设计师必须把用户的"惰性"考虑在内。假如一款 App 在不需要注册的前提下就能使用所有功能，那么产品的注册用户数一定会惨不忍睹，哪怕只是少一个步骤用户也会跳过这一步。所以在设计的过程中，设计师需要用一些办法来引导用户不要跳过这一步，App 的强制性注册如此，用户资料的完善也是如此。

图 7-9 个人身体状况录入页面的设计

之所以要用户去完善这些信息主要有两方面的考虑，一是功能呈现的完整度，二是用户的忠诚度。从功能上来说，App 的很多模块都依赖于用户资料的记录与定制，在没有信息的前提下产品很难提供比较全面的服务，这就与设计师的设计初衷背道而驰了。

"无须注册"这种"非正式"的使用方式是无法培养出用户黏性的，在这种情况下不容易让用户产生比较强烈的"介入感"。而个人资料的存储会提高用户更换平台的成本，容易培养用户的平台黏性。

7.4 主体功能设计

在 App 的主体功能设计上，设计师分出了四个大的模块，分别是问诊、购药、健康记录以及社区（见图 7-10）。

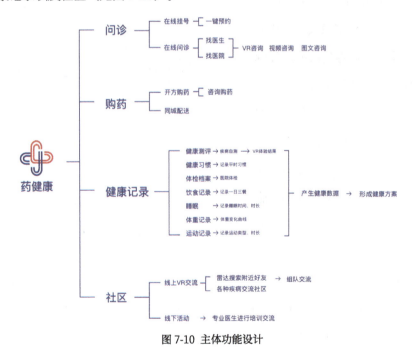

图 7-10 主体功能设计

7.4.1　在线挂号与在线问诊

在问医模块中最主要的功能是在线挂号与在线问诊，其他功能都是这两个功能的延伸。

在问医界面的交互逻辑中，最醒目的位置上放置了访问率最高的几个科室，而全科室的查询功能设计师进行了次一级优先级的处理（见图 7-11）。这在交互设计中是很常见的一种设计方式，最醒目的一定是使用频度最高的功能。

在细分项目较多的时候，最好的设计方式是细分功能入口的界面设计一定要简洁。反过来，如果想要将界面的视觉效果做得非常繁复、漂亮，那么它所包含的功能就一定要足够简单，这是一个平衡问题。人的视觉注意力是有限的，不同元素之间过度地争夺注意力会让用户感到疲劳与无所适从。

图 7-11　问医界面不同科室的优先级处理

在挂号就诊模块（见图 7-12），搜索与疑问引导的内容放在了更为靠上的位置。在用户调研中，团队发现普通用户其实对于什么病症去哪一个科室挂号并不是很清楚，所以设计师需要这部分内容来实现类似医院中前台问询处的功能。

图 7-12 挂号就诊模块

在挂号就诊中设计师也做了一些小小的引导分流。在设计方案中，挂号就诊与在线问诊这两个功能模块的本意是将用户的需求进行二分。挂号就诊主要用来满足病症较重的用户；而对于一些生活中常见的小病痛，或者是一些已经有了稳定治疗方案的基础病患者，在线问诊能够极大地降低用户的时间成本，所以团队就在挂号就诊模块中加入了一个引导分流，假如用户得了很轻的病症也可以方便地跳转。

在线问诊的部分设计师同样做了一个引导性质的疑问解答模块，负责给用户分析病症的可能性，分配合适的科室进行诊治。这个模块在后续的功能实现中接入了一款疾病诊治的模块"极速问诊"（见图 7-13）。这个模块是为了区别于普通挂号就诊的"慢"，更推荐轻症用户在线问诊使用。

图 7-13 极速问诊模块

　　复诊开药（见图 7-14）功能是为了方便那些已经获得了处方的用户，App
会根据医生所开具的药方为用户提供在线药品的购买功能。

图 7-14 复诊开药

在线问诊模块中设计师还设计了"VR 面诊"这项功能。尽管以现在的技术将这个模块制作出来后在易用性上还存在问题，但是考虑到技术前景，这样的方案设计是没有问题的，后续的版本迭代会让这个功能逐渐完善。

7.4.2 药物购买

药物购买模块的构建比较像是电商模块，所不同的是对于某些药品设计师需要验证用户的处方购买资质。

在药房首页中，可视化元素的占比要高很多，在销售类的页面模块中，具有设计感的商品展示图能够很有效地提升用户的购物欲望。进入药房功能的用户大致分为两类：一类是有明确的购买目的，如刚刚接受过诊断，或者是对自己的情况比较了解的用户，这些用户是知道自己要买什么药的；另一类则是身体有些不舒服，进来看看有什么药的用户。药房首页的引流模块所针对的就是第二类用户群体，与其用户自己乱买，还是提醒用户让医生进行诊断之后再买药比较好。药品的类目不用做得十分显眼，简单地做出一些区分就可以了，但是位置一定要趁手。具体的购买页面的交互逻辑有很多成熟的模板可以参考。

处方单可以保存用户的医疗处方，订单页面则显示用户之前的购买记录（见图 7-15）。

图 7-15 处方单与订单

　　用药助手（见图7-16）是为了更智能化地帮助用户分辨药品的用量和用法，打开扫药功能进入扫描界面，扫描药品的包装盒就会出现药品的详细信息，也会提供药品的购买链接。

图7-16　用药助手

7.4.3 延伸功能

在问诊、购药之外,团队还设计了"疾病百科"的功能,即疾病库(见图7-17)。在一款主打医疗服务的 App 中增加这项知识型的功能是很有益处的,有助于普通人对于疾病和健康的了解。

图 7-17 疾病库模块

图 7-17 中的页面元素设计得比较简单，页面中部加入了历史浏览的功能，方便用户查询以前看过的内容。页面中的"推荐"功能设计得比较醒目，这部分会选择一些存在普遍性误解的病症进行展示。

在疾病的详细分类页面（见图 7-18）中，对不同的病症进行了归类，其中热门标签中所列的是关注度较高的疾病分类。

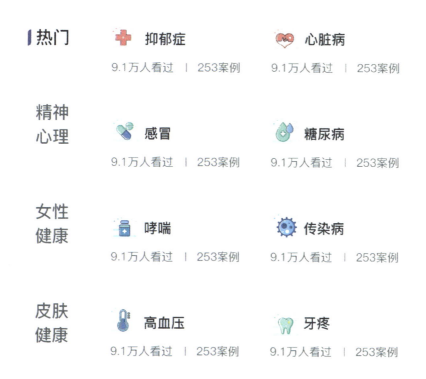

全部分类

热门	抑郁症	心脏病
	9.1万人看过 | 253案例	9.1万人看过 | 253案例
精神心理	感冒	糖尿病
	9.1万人看过 | 253案例	9.1万人看过 | 253案例
女性健康	哮喘	传染病
	9.1万人看过 | 253案例	9.1万人看过 | 253案例
皮肤健康	高血压	牙疼
	9.1万人看过 | 253案例	9.1万人看过 | 253案例

图 7-18 疾病库分类页面

在具体的病症科普页面，为了方便用户阅读，又拆分成概述、症状、病因、就医 4 个标签。

7.4.4 健康记录与管理

　　健康记录模块的功能是最多的，无论用户是以怎样的目的选择了这款 App，设计团队都希望能够更有效地留存用户，并且提高用户的使用频率，这就是该模块的设计目的，因此需要进行用户痛点分析及其健康私人定制（见图 7-19）。这里的功能实现主要聚焦于用户的日常健康管理，设计健康记录模块（见图 7-20），与穿戴设备的交互也大多聚集在这个模块内。

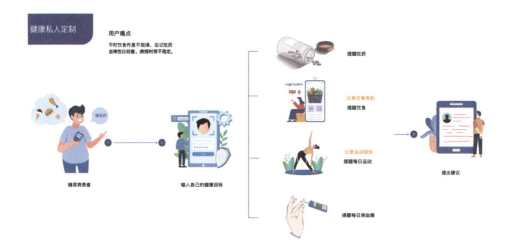

图 7-19　用户痛点分析及其健康私人定制

图 7-20　健康记录模块

可以看到，健康记录模块主页面的设计风格与其他模块不一样，这是因为其中的功能都是平行的，如果只用列表显示就太过乏味了，所以这里就采用了展板式的设计风格，将主要功能分区罗列在页面中。

1. 健康定制

健康定制模块（见图 7-21）主要是让用户为自己设置一个健康管理的流程，这是一项需要付费开启的功能。该功能开启后服务端会有工作人员与用户进行沟通，制订一套个性化的健康管理方案，它的模式类似于其他 App 中的"VIP"服务模式，主要针对有付费意愿的用户。

图 7-21 健康定制模块

2. 每日饮食计划

每日饮食计划模块（见图 7-22）主要用于用户对于自身饮食结构的控制与记录，其中记录了各种食物的营养含量，对于想要减肥或是健身的用户是很有帮助的。

图 7-22　每日饮食计划模块

3. 健康数据分析

健康数据分析模块（见图 7-23）是根据用户的营养摄入、运动量、睡眠质量等健康数据来帮助客户分析当前的健康状况。

图 7-23 健康数据分析模块

4. 血糖记录

每日饮水量与血糖值可以记录在血糖记录模块（见图 7-24）中。血糖监测功能的实现要依赖穿戴设备，也可以选择使用血糖仪测量后手动录入血糖值。

图 7-24 血糖记录模块

5. 健康测评

健康测评也是一项比较重要的功能，考虑到普通人对于健康问题的焦虑，团队便加入了这个模块（见图 7-25）。

图 7-25 健康测评模块

在进行交互设计时，设计师的心中永远要有两条主线，一条是以用户的实际需求为基准点，另一条是以产品的商业化境况作为思考点。在两者不产生冲突的前提下，尽量把两者都做到极致。

7.4.5 社区

除了健康记录，社区也是一个保持用户黏性的功能模块（见图 7-26），在社区中用户之间可以分享经验，也可以聘请一些关键意见领袖（KOL）入驻平台做一些内容生产。

图 7-26 社区模块

7.4.6 穿戴设备端

穿戴设备已经在社会上普及，所以在做一些功能性的 App 时，必须把穿戴端的交互考虑在内。多数的穿戴式设备都支持语音交互的方式，这也是最适合的交互方式（见图 7-27）。

图 7-27 语音交互界面

可以在运动打卡、定时饮水等功能中调用穿戴设备的功能，使穿戴设备与 App 产生联动（见图 7-28）。

图 7-28 运动项目与穿戴设备的联动

运动管理模块是与穿戴设备结合最为紧密的一个功能模块，在使用频度上也位居前列。设计师主要负责设计模块与模块之间的交互逻辑，具体的数据交换需要交给技术实现团队来做。

这一部分的界面设计尽量保持简洁，不要堆砌太多视觉元素。人在运动中与运动后是非常疲惫的，这个时候传达的信息一要清晰，二不能繁杂，所以极简化与扁平化的设计是比较合适的。

在饮食管理方面设计师也可以将穿戴设备与 App 连接起来，如对于营养摄入进行穿戴端的打卡记录。

7.5 系统地图与用户旅程

系统地图（见图 7-29）显示了主要功能的实现路径。大体上 App 的功能被分为上下两个区域，健康记录与医疗诊治之间的结合并不是非常紧密，这种区隔是出于使用频度方面的考虑。同时，还要设计用户模拟"旅程"（见图 7-30）。

用户在医疗诊治方面的使用频度其实是很低的，这个功能重要，但是难以养成用户的忠诚度。而健康记录功能能使用户保持很好的黏性，这也就意味着用户一旦遇到需要医疗诊治的情况，首先就会想起这款 App，所以说虽然在功能上两者联系不大，但是在实际使用中两者能形成很好的配合。

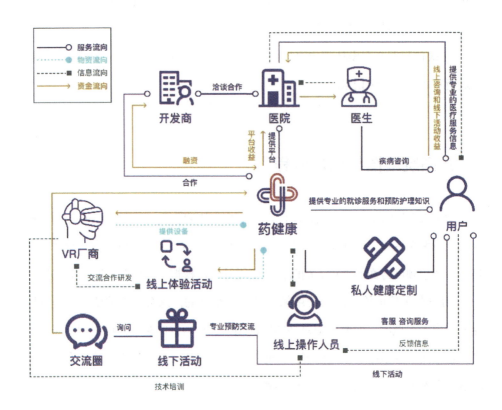

图 7-29 系统地图

图 7-30 用户"模拟"旅程

7.6 项目设计规范

此项目的设计规范（见图 7-31）、图标设计（见图 7-32）和 Logo 设计（见图 7-33）都是需要充分考虑并完成的工作内容。

图 7-31 项目设计规范

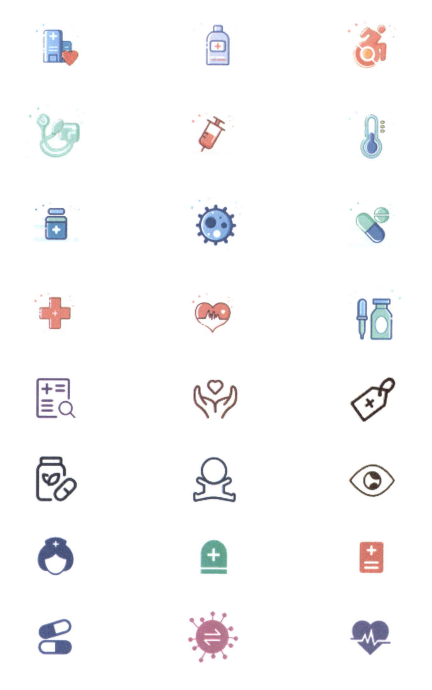

图 7-32　图标设计

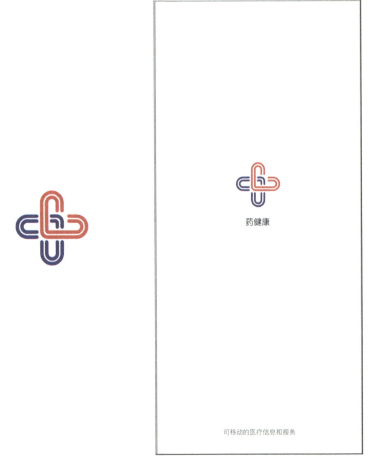

图 7-33 Logo 设计

　　两颗心互相嵌入组成了两颗胶囊的形状，主要是与 App 的内核做了一定的呼应。

8 人机交互的过去、现在与未来

人机交互的整体发展趋势是朝着"越来越少"的方向不断进步的。"越来越少"包含两种意思：一是用户操作设备所需要具备的知识越来越少，二是同样的功能用户需要进行的操作越来越少。

8.1 人机交互的历史

从第一台计算机被制造出来已经过去了将近一个世纪，第一个世代的计算机不仅体积巨大（十几平方米的房间仅能放下一台计算机），使用门槛也是相当的高——技术人员得把所有的操作与计算用人工转换成二进制代码，然后通过一些打了洞的纸带来跟机器交流。技术人员需要将指令编码为一长串 0 和 1，然后用打孔器在纸带上打洞，计算机读取这些纸带来执行指令。这个时候的计算机只能是一些特殊机构的"特供品"，它的使用成本实在是太高了，一台计算机仅仅操作起来就得调动一整组的专业人士，更不要说这样的庞然大物的安装、维护以及场地占用。

第一次交互方式的变革发生在 20 世纪 70 年代，这个时期计算机开始走入寻常百姓的家庭。面对个人用户，计算机开始向小型化发展，它的交互方式也从打孔带进化为键盘输入。此时计算机的输入指令已经从二进制代码变为比较友好的英文缩写形式。

在那个图形界面还未普及的年代，个人计算机的界面大都是命令提示符，用户需要通过键盘输入各种命令来操作计算机（见图 8-1）。这种方式对于用户来说确实有进步，但是依然不够友好，更别说想要吸引更多非技术背景的用户了。真正让计算机被普通用户接受的技术是图形用户界面（GUI）的诞生。GUI 让计算机界面变得图形化和直观，用户可以看到窗口、图标和菜单，这大大降低了计算机操作的复杂度。不过，要在这样的界面中高效导航，光靠键盘显然是不够的，这时出现了"鼠标"。鼠标的引入使用户能够简单点击和拖动，轻松完成以前需要复杂命令行指令才能做到的事情。

图 8-1 命令提示符界面

从那时起，鼠标和键盘成了黄金搭档，共同定义了现代个人计算机的基本交互方式。这种看似简单的设计成为用户与数字世界沟通的桥梁，交互逻辑的升级提高了操作效率，降低了交互的学习成本，使得计算机更加受欢迎，成功地让计算机成为操作者的"外置大脑"。

现代的图形化操作界面（见图 8-2）再一次做了减法，许多需要输入确切命令的场景，用户只需要点点鼠标就可以进行操作了。比如，设计师打开一个文件夹，其中所包含的内容就会以图形的方式呈现在设计师眼前。

图 8-2　现代的图形化操作界面

　　在之前的命令提示符环境中，设计师还得在文件夹路径下使用"DIR"命令才能做到这一点（见图 8-3）。

```
Microsoft Windows [版本 10.0.19045.5131]
(c) Microsoft Corporation。保留所有权利。

C:\Users\Administrator>dir
 驱动器 C 中的卷是 Win10Pro X64
 卷的序列号是 4448-E714

 C:\Users\Administrator 的目录

2024/11/19  11:27    <DIR>          .
2024/11/19  11:27    <DIR>          ..
2024/08/16  13:56    <DIR>          .dotnet
2024/11/19  11:27    <DIR>          .m2
2024/06/19  15:33    <DIR>          .matplotlib
2024/11/08  08:44    <DIR>          .MUMUVMM
2024/11/12  17:10    <DIR>          .redhat
2024/11/11  18:00    <DIR>          .vscode
2024/05/24  08:44    <DIR>          3D Objects
2024/05/24  08:44    <DIR>          Contacts
2024/11/18  16:10    <DIR>          Desktop
2024/10/22  08:28    <DIR>          Documents
2024/05/24  08:44    <DIR>          Favorites
```

图 8-3　展示文件夹内容的命令操作

8.2 现如今的人机交互

在智能机时代，传统的输入设备开始逐渐退出流行文化的视野，这种变革并非偶然，而是技术发展到一定阶段的必然结果——触摸屏技术的普及又一次改变了游戏规则，"触电效应"使设计师与设备的互动方式变得更加直接和自然。

触摸屏技术之所以能够迅速普及，主要得益于它在"直觉化"交互逻辑上的突破。用户可以直接通过触摸屏幕来操作设备，而无须通过复杂的中介设备或学习烦琐的操作指令，从直接点击图标到滑动屏幕浏览内容，再到使用手势进行复杂的命令输入，触摸屏使得交互操作变得无比简便。触摸屏的实现依赖于精密的感应技术和高度发达的计算技术，当用户的手指触碰屏幕时，屏幕能够通过电容变化检测触点位置，然后由处理器解析这个信息，将其转化为具体的命令。这种操作逻辑不仅需要硬件的精确响应，还需要软件层面的强大支持，以确保每一次触摸都能精准有效地产生预期的响应。

从用户的需求端来看，随着社会节奏的加快，人们越来越重视与设备交互的效率和便捷性。在这种背景下，能够快速完成任务的设备显然会更受欢迎，触摸屏设备正好满足了这一需求，它通过简化用户操作，减少了学习成本，使更多的用户能够轻松上手，快速开始使用新设备。

交互方式的变革也进一步带动了移动应用市场的快速发展，从社区到平台，开发者为触摸屏设备设计了大量的应用程序；从简单的游戏到复杂的商业应用，触摸屏为这些应用提供了一个直观且易于操作的平台。这不仅改变了软件的开发模式，也改变了人们的生活方式，许多以前依赖笔记本电脑或台式机的活动，如阅读、购物、观看视频等，都可以通过手机或平板电脑轻松完成。这样的变化极大地拓宽了设备的应用场景，触屏操控将用户的注意力集中在移动终端设备上，这一点其实为移动终端的统一做好了准备。

触摸屏技术之所以能够成为主流，其关键在于它成功地把复杂的技术隐藏在用户感知不到的地方，只将简单、直观的操作界面呈现给用户。这种设计理念是现代技术发展中一个重要的趋势。从打孔带到命令行界面，从鼠标键盘到触摸屏，每一次技术的进步都让用户与设备的互动更加自然和直观。而这种以用户为中心的设计理念不仅仅能体现技术的革新，更对人类的生活方式产生了深刻影响。随着未来技术的不断发展，这种交互方式还会继续演进，带来更多令人激动的变化。

8.3　未来的交互方式

交互方式的每一次变革更像是一个个技术时空的切片，它所承接的是计算技术的发展与用户需求增长的连接点，也就是让新技术以最简洁、最合适的面貌来面对用户。

以现在为起点，人机交互未来的一些发展趋势是可以预见的。下面从空间计算、整合交互以及智能终端三个方面来探讨人机交互在未来的发展趋势。

8.3.1　空间计算

空间计算并不是一个新鲜的概念，它更像是虚拟现实（VR）、增强现实（AR）技术的自然延伸，它的内容涵盖了通过计算机模拟和增强对实际物理空间的感知和交互。空间计算对于交互方式的提升在于打破传统屏幕所限定的二维界面，引入更为动态和沉浸式的三维交互环境。

随着硬件性能的提升和算法的进化，未来的空间计算将使虚拟元素与现实世界之间的界限越来越模糊，用户所面对的交互界面能够达到一种前所未有的宽度与广度。在这样的情况下，交互设计也将迎来一次彻底的扩容，今时今日设计师所学习的交互知识当然还有它的用处，但是二维界面之外还有太多的新内容需要设计师去探索。

8.3.2 整合交互

既然交互界面要从二维平面向着三维空间进化，那么相应的交互方式就一定要跟得上这种变化。直观地说，用户的交互方式会进一步贴近"直觉化"。

所谓的整合交互，就是将在日常生活中最为自然的交互方式整合在一起，即眼、口、手的三位一体。比如，小明正在工作中，他需要打开空间界面中的某一个应用，那么最符合直觉的交互方式是看向这个应用，然后拇指与食指在一个自然的位置捏合表示"打开"。在进行了一番操作之后，小明需要切换到后台的另一个场景如 Xcode 编译器，这时候他只需要开口说"切换到 Xcode 编译器"，界面就会自动将 Xcode 编译器界面调整到前台显示。

这种听起来很科幻的交互场景在现实中已经实现了。当然，它要想真正在民用领域普及还有很多问题需要解决，如设备的体积与重量、价格、电量续航等。

8.3.3 智能终端

人机交互设备增加更多的功能就一定会增加用户的使用成本，这是一个在科技发展中无法避免的问题。随着人机交互设备向空间计算的方向发展，在三维空间中用户所要担心的事情肯定比面对一个手机屏幕要多得多，而现如今正在火热发展的智能大模型正是这方面的最优解。

智能终端是未来交互设计中一个绕不开的话题。在业界，虽然智能大模型还在朝着通用人工智能的方向艰难摸索，但是它的实现只不过是一个时间问题。未来的智能终端肯定是要远远强于现在的"AI 手机""AI 平板"，这些设备只能算是智能终端的雏形产品。

　　智能终端所能解决的问题是进一步弱化交互门槛。在 AI 的帮助下，用户甚至不需要发出清晰的指令就能完成自己想做的事情。例如，用户不需要告诉 AI"打开空调，设置为 27 摄氏度；打开电灯；打开电视"这样明确的步骤，只需要告诉 AI"我到家了，老样子"就能够让 AI 理解用户的意思。

　　现如今一些实验室中已经有一些智能终端的原型产品，大体集中在两类。一类是搭载显示功能的终端产品，在形制上这些原型产品类似曾经的谷歌眼镜，算是一种整合性质的产品，也就是计算中心和显示中心的组合。这类产品更加注重沉浸式的用户交互体验，需要长时间占用用户的注意力。而另一类则是选择彻底去除了屏幕，用户与终端之间只用语音和少量的摄像头作为交互方式。这类产品放弃了对用户注意力的依赖，更多地定位于一种隐形的贴身个人助理，帮助用户处理一些记录以及个人事务。而无论是哪类产品，便携、轻巧是它们共同的思考点。

　　虽然智能大模型在理论上可以极大地减轻用户的操作负担，实际上要达到这一点还需要解决诸多问题，如如何确保模型的响应速度能够满足实时交互的需求、如何处理和保护用户在交互过程中产生的大量个人数据以防止隐私泄露。智能大模型的普及也可能加剧数字鸿沟，那些无法高效使用这些先进设备的用户可能会感到被边缘化。

　　这些问题的解决需要技术的不断进步和相关法律、政策的完善，也需要公众对新技术有正确的认识和适应。科技发展的最终目的是提高人类的生活质量，减轻人们的工作负担，而不是让人们陷入永无止境的学习和适应中。因此，如何平衡技术的发展与用户体验的提升，将是未来科技发展中一个重要的课题。

　　在芯片算力以及大模型智能程度还不达标的情况下，其实未来的交互设备已经被探索出一些极具可行性的方案，这对于交互设计行业的从业者以及想要进入这个行业的人来说，无疑是一些很好的学习范本。未来并没有那么遥远，科技的更新换代往往发生在一夜之间，智能终端的普及将使人机交互深入生活的每一个角落。它们将不再仅仅是被动的工具，而是成为能够主动服务于设计师的智能伙伴。

无论是空间计算的沉浸式体验、整合交互的无缝连贯性，还是智能终端的主动服务，所有这些发展趋势都指向一个共同的目标：创造一个更加智能、互联和人性化的世界。在这个过程中，设计者和技术开发者需要不断探索和实验，以找到最佳的人机交互方式，要在增强功能和保护用户隐私之间找到平衡，同时要确保新技术的普及能够惠及所有人，不造成数字鸿沟的扩大。未来的人机交互将不仅仅关注技术本身，更会关注其对社会的影响和价值。